Darshita Vasoya

Cobertura vegetal orgânica: o cobertor da natureza para um solo saudável

Darshita Vasoya

Cobertura vegetal orgânica: o cobertor da natureza para um solo saudável

Efeito de diferentes coberturas vegetais no crescimento, rendimento e qualidade da tuberosa

ScienciaScripts

Imprint

Any brand names and product names mentioned in this book are subject to trademark, brand or patent protection and are trademarks or registered trademarks of their respective holders. The use of brand names, product names, common names, trade names, product descriptions etc. even without a particular marking in this work is in no way to be construed to mean that such names may be regarded as unrestricted in respect of trademark and brand protection legislation and could thus be used by anyone.

Cover image: www.ingimage.com

This book is a translation from the original published under ISBN 978-620-7-64998-3.

Publisher:
Sciencia Scripts
is a trademark of
Dodo Books Indian Ocean Ltd. and OmniScriptum S.R.L publishing group

120 High Road, East Finchley, London, N2 9ED, United Kingdom
Str. Armeneasca 28/1, office 1, Chisinau MD-2012, Republic of Moldova, Europe
Printed at: see last page
ISBN: 978-620-8-09340-2

Conteúdo

RESUMO

A presente investigação intitulada "Efeito de diferentes coberturas vegetais no crescimento, rendimento e qualidade da tuberosa (*Polianthes tuberosa* L.) var. Suvasini" foi conduzida na Fazenda da Faculdade, Faculdade de Horticultura, Universidade Agrícola Sardarkrushinagar Dantiwada, Jagudan, Gujarat durante abril de 2022 a fevereiro de 2023. O experimento foi estabelecido em um projeto de blocos aleatórios usando oito tratamentos, incluindo filme de polietileno preto (50 µ), filme de polietileno preto prateado (50 µ) e filme de polietileno preto vermelho (50 µ), palha de mostarda (camada de 2 "de espessura), casca de mamona (camada de 2" de espessura), palha de erva-doce (camada de 2 "de espessura) e palha de semente de bispo (*Ajwain*) (camada de 2" de espessura) junto com o controle. Estes tratamentos foram repetidos três vezes em condições de campo aberto. Os bolbos foram plantados a um espaçamento de 30 cm x 30 cm e as observações foram registadas em diferentes aspectos do crescimento da planta, floração, rendimento e qualidade.

Os resultados revelaram que, entre os vários tratamentos, a altura máxima da planta (23,17 cm) e o número de folhas (18,40 touceiras^{-1}) aos 45 DAP foram observados na cobertura de palha de funcho. A altura máxima da planta e o número de folhas aos 90 DAP (52,67 cm e 62,70 touceiras^{-1} , respetivamente), a emergência mais precoce da espiga e a abertura do primeiro florete (106,53 dias e 125,40 dias, respetivamente), a longevidade máxima da espiga intacta (20,60 dias), a duração da floração (181,13 dias), o número de floretes por espiga (52,80), o peso da espiga (155.50 g), produtividade de espiga (57,33 parcela^{-1} e 707,82 mil ha^{-1}), produtividade de floretes (3,37 kg parcela^{-1} e 41,60 t ha^{-1}), número de colheitas de espiga (6,13), número de bulbilhos (25.93 touceiras^{-1} , 221,40 parcelas^{-1} e 2733,33 mil ha^{-1}), comprimento do ráquis (57,97 cm) e comprimento da espiga (80,47 cm) foram observados em plantas com aplicação de cobertura morta de palha de semente de bispo. A cobertura morta de palha de funcho e a cobertura morta de polietileno preto foram iguais à cobertura morta de palha de semente de bispo. Os parâmetros do solo também foram significativamente influenciados pelas diferentes coberturas e o carbono orgânico máximo (0,29 %), o azoto disponível (182,33 kg ha^{-1}) e o fósforo disponível (38,79 kg ha^{-1}) foram registados sob a cobertura de palha de semente de bispo.

Com base na economia, entre todos os tratamentos de cobertura vegetal, verificou-se um maior rendimento bruto (? 21,23,457 ha^{-1}), rendimento líquido (? 14,14,331 ha^{-1}) e rácio custo-benefício (2,99) com a aplicação de uma camada de 2" de espessura de cobertura vegetal de palha de semente de bispo (*Ajwain*).

RECONHECIMENTO

Quero exprimir a minha mais profunda gratidão e o meu único e total respeito a Deus, ao Supremo, cujas bênçãos eternas, amor divino e orientação espiritual nos ajudam a realizar todas as nossas aspirações.

*De facto, as palavras de que disponho não são adequadas para transmitir a profundidade do meu sentimento e gratidão para com o meu principal orientador, **Dr. M. K. Sharma**, Professor Assistente, Faculdade de Horticultura, S.D.A.U., Jagudan, pela sua valiosa e inspiradora orientação, sugestões, encorajamento constante e interesse persistente ao longo da investigação e preparação deste manuscrito. A sua orientação e encorajamento constantes ajudaram-me sempre nos meus estudos e trabalhos de investigação. A sua experiência em informação de construção, modelação e o seu empenho no trabalho de investigação tiveram uma influência significativa na formação dos meus conceitos apresentados neste estudo. Por isso, pude chegar aqui para escrever os meus agradecimentos.*

*É com grande prazer que obtenho este orgulhoso privilégio, apresentando os meus mais sinceros e dedicados agradecimentos ao meu orientador menor, **Dr. Y. D. Pawar**, Cientista (Horticultura), Krishi Vigyan Kendra, S.D.A.U., Deesa, e ao membro do comité consultivo, **Dr. Mukesh Kumar**, Professor Assistente, College of Horticulture, Jagudan, **Shri. R. I. Prajapati**, Professor Assistente, Faculdade de Horticultura, Jagudan, pelas suas sugestões valiosas e pela sua ajuda sempre disponível ao longo de toda a investigação.*

*Gostaria de exprimir a minha gratidão ao **Dr. Piyush Verma**, Diretor e Reitor da Faculdade de Horticultura de Jagudan, pelo seu grande apoio moral e pela disponibilização das instalações necessárias no decurso desta investigação, bem como pelo seu apoio gentil e generosidade durante todo o estudo.*

*Quero exprimir os meus sinceros agradecimentos ao **Dr. C. M. Muralidharan**, Diretor de Investigação e Reitor, Estudos de PG, Universidade Agrícola de S. D., Sardarkrushinagar, por me ter prestado toda a ajuda possível sempre que os contactei, pela sua amável cooperação e valiosas sugestões.*

*Estou imensamente grato à **Dra. Kiran Kumari**, professora assistente e diretora do Departamento de Floricultura e Arquitetura Paisagista, à **Sra. Dhawani A. Patel**, professora assistente, e ao **Sr. Vrushabh Rathod** pelas suas valiosas sugestões e apoio durante a experiência. Estou imensamente grato a todos os professores, membros do pessoal e funcionários da Faculdade de Horticultura da Universidade Agrícola de S. D., Jagudan, pela sua ajuda e cooperação durante o estudo.*

*O meu vocabulário não tem palavras para exprimir o profundo sentimento de gratidão e de dívida para com os meus pais, o meu pai, **Sh. Kanjibhai Vasoya** e a minha mãe, **Smt. Rasilaben K. Vasoya**, pelo seu amor eterno, encorajamento constante, oração, apoio e orientação ao longo dos meus estudos. Agradeço ao meu irmão **Mitesh Vasoya**, à minha cunhada **Jignasha M. Vasoya** e ao meu pequeno campeão **Panth**, que sempre foram uma fonte perene de inspiração para mim durante os meus estudos e trabalhos de investigação. Gostaria de estender a minha gratidão a todos e a cada um dos membros da família Vasoya pela sua motivação atempada e pelas suas bênçãos nesta jornada.*

Sinto um imenso prazer e alegria em expressar o meu profundo afeto e gratidão aos meus superiores, Rahul bhai, Bhargav bhai, Harsh bhai, Jai bhai, Kamlesh bhai, Shailesh bhai, Dipti di, Urvi di, Janika di, Vashila di, Mayuri di, Radhika di, Sandhya Di, Jatin bhai. Os meus agradecimentos especiais aos meus amigos, a minha consciência não me permite deixar de exprimir o meu sentimento sincero para com os meus queridos amigos Vjai, Priyal, Bansi, Nirali, Pratik, Mansi, Kruti, Drashti, Jinal, Anjli e os meus colegas de turma Sahil, Kishan, Chetan, Divya, Smita, Shivam, Aakash, Sani, Sejal, Kinnari e os meus maravilhosos colegas Mohit, Bhumi, Yashvi, Nisha, Vrushti, Niharika, Jignesh, Ranjit, Jayesh, Yuvraj e Sharan pela sua preciosa ajuda, pela sua animada associação e pelo seu entusiástico apoio moral durante a realização deste estudo.

Gostaria também de exprimir a minha profunda gratidão a todos aqueles que, direta ou indiretamente, me orientaram na minha experiência e me ajudaram a escrever este manuscrito.

Local: Jagudan   **(Vasoya Darshita K.)**
Data: /08/2023

I INTRODUÇÃO

A tuberosa (*Polianthes tuberosa* L.) é uma importante cultura de flores bulbosas, pertencente à família Asparagaceae e cultivada em todo o mundo tropical e subtropical. A cultura é originária do México, de onde se espalhou para diferentes partes do mundo durante o século XVIth . É cultivada em grande parte em França, Itália, África do Sul, EUA e em muitas zonas tropicais e subtropicais, incluindo a Índia. É também conhecida por *Rajanigandha* (hindi e bengali), *Gul-e-Shabab* (urdu), *Nishigandha* (marata), *Nishigandhi* (malaiala) e *Sempengi* (tamil).

O nome genérico *Polianthes* deriva de duas palavras *gregas Polios*, que significa "branco" ou "brilhante" e *anthos*, que significa "flor". É um género monotípico e está estreitamente relacionado com *Bravoa*, do qual difere por ter um tubo perianto alargado para cima. Trata-se de uma planta herbácea perene, erecta, de 60-120 cm de altura, com bolbos robustos e curtos, classificada como monocotiledónea. As folhas são em número de 6-9, com 30-45 cm de comprimento e cerca de 1,3 cm de largura, de cor verde-clara, lineares, de folhagem semelhante à da erva e de cor verde brilhante, avermelhadas perto da base. As flores têm um perianto em forma de funil e são perfumadas, de cor branca cerosa. Os estames são em número de seis, o ovário 3 locular, os óvulos numerosos e os frutos são cápsulas. As raízes fibrosas são principalmente adventícias e pouco profundas. Tradicionalmente, existem quatro tipos de cultivares de tuberosa: simples, semi-dupla, dupla e variegada. Entre elas, as variedades simples e duplas são populares e cultivadas comercialmente em todo o país. As variedades de tipo duplo estão a ganhar importância para efeitos de cultivo de flores de corte devido às suas longas hastes florais e aos floretes dispostos em mais de três filas, que são arrojados, grandes e de cor branca e tingidos de vermelho rosado (Yadav e Maity, 2002).

As flores de tuberosa são utilizadas comercialmente como flores de corte e flores soltas devido ao seu aspeto encantador e fragrância agradável, excelente duração em vaso, rendimentos mais elevados e grande adaptabilidade a climas e solos variados. As florzinhas são populares para fazer grinaldas artísticas, ornamentos florais, *veni* e casas de botão, enquanto a flor cortada é normalmente utilizada para vários arranjos, ramos de flores e decoração floral. Na jardinagem paisagística, tem um lugar especial, especialmente em vasos, canteiros florais e bordaduras no jardim. O óleo de tuberosa é uma das matérias-primas mais caras da indústria de perfumes. Os principais constituintes do betão de tuberosa são o geraniol, o nerol, o álcool benzílico, o benzoato de metilo, o salicilato de metilo, o eugenol, o benzoato de benzilo e o antranilato de metilo. As flores de tuberosa, a planta em vaso, o bolbo e o óleo essencial têm imensas

O potencial de exportação e a crescente popularidade e utilidade da tuberosa na maior parte da Índia levaram ao seu cultivo como cultura comercial. É cultivada comercialmente nos estados de Bengala Ocidental, Karnataka, Tamil Nadu, Maharashtra, Andhra Pradesh, Rajasthan, Gujarat, Uttar Pradesh, Assam e Punjab.

A cobertura morta é um material estranho que cobre o solo. A cobertura morta é uma prática hortícola que consiste em cobrir a superfície do solo com materiais orgânicos ou sintéticos para proporcionar um ambiente mais favorável ao crescimento e à produção das plantas. Sardar *et al.* (2016), Singh e Thakur (2022) e Soujanya *et al.* (2022) relataram os efeitos benéficos da cobertura morta na conservação da humidade, diminuindo a evaporação, suprimindo a infestação de ervas daninhas e isolando a temperatura do solo. Além disso, estimula a atividade microbiana no solo.

A escassez de água e as ervas daninhas são um problema grave na cultura da tuberosa em diferentes partes do país. A utilização de coberturas vegetais não só controla a população de ervas daninhas como também permite prolongar os intervalos de irrigação, o que resulta numa poupança de água. As coberturas orgânicas são materiais de origem natural que se decompõem naturalmente. Entre as coberturas orgânicas, existe uma vasta gama de escolhas, cada uma com diferentes caraterísticas e adequação a diferentes condições de crescimento. Inclui lascas de casca de árvore, aparas de relva, palha de trigo ou de arroz, folhas de plantas, composto, casca de arroz, serradura, *etc.*

Gujarat do Norte é o principal centro de produção e exportação de sementes de especiarias no país e também cultiva oleaginosas como a rícino e a mostarda. De acordo com a Direção de Horticultura, Gujarat, cerca de 1,74,030 ha de área cultivada com especiarias no Norte de Gujarat durante 2021-22 (Anon., 2022). Unjha é o principal centro de comércio de especiarias para sementes na Ásia, que também está localizado no distrito de Mehsana. A gestão dos resíduos de culturas de especiarias de semente, como as sementes de funil e de bispo, é um problema grave na região, uma vez que não são utilizadas como alimento para animais. A utilização de resíduos de culturas ou de resíduos orgânicos agrícolas como cobertura vegetal não é invulgar. Ajuda a lidar com resíduos de culturas e desperdícios da agroindústria e outros benefícios alcançados são o aumento da matéria orgânica no solo e a estimulação do desenvolvimento da micro e macro flora do solo. A matéria orgânica decompõe-se com o tempo e aumenta a capacidade de retenção de água do solo. Também fornece nutrientes ao solo à medida que se decompõe. Além disso, melhora indiretamente a eficiência da utilização da água. Para além das coberturas orgânicas, nas últimas décadas, as películas de plástico são mais frequentemente utilizadas para a cobertura vegetal devido à sua aplicação simples e à facilidade de manipulação e remoção do solo. Estas coberturas sintéticas estão disponíveis em películas de plástico de diferentes cores e são completamente impermeáveis à água, pelo que impedem a evaporação direta da humidade do solo, limitando assim as perdas de água e a erosão do solo à superfície. A aplicação de películas de polietileno (PE) como material de cobertura vegetal tem o efeito adicional de aumentar a temperatura, reforçar a capacidade de enraizamento das plantas jovens e contribuir para uma maturidade mais precoce das culturas, uma maior qualidade dos produtos, uma melhor gestão das pragas e o controlo das ervas daninhas. A cobertura morta é utilizada como um meio de produção agrícola bem sucedida, principalmente em locais onde as instalações de irrigação são escassas.

No norte de Gujarat, não foi feita nenhuma tentativa sistemática neste domínio no que diz respeito à tuberosa. Por conseguinte, para superar os efeitos da perda de humidade do solo, da gestão das ervas daninhas, *etc.*, a utilização de coberturas vegetais orgânicas e inorgânicas é considerada uma ferramenta privilegiada. Tendo em conta os factos acima referidos, a presente investigação intitulada **Efeito de diferentes coberturas vegetais no crescimento, rendimento e qualidade da tuberosa (*Polianthes tuberosa* L.) var. Suvasini** foi realizada com os seguintes objectivos

I. Verificar a influência de diferentes tipos de coberturas vegetais nos parâmetros de crescimento 2. Verificar a influência de diferentes tipos de coberturas vegetais nos parâmetros de floração 3. Verificar a influência de diferentes coberturas vegetais nas caraterísticas de rendimento e qualidade

II REVISÃO DA LITERATURA

A cobertura morta influencia diretamente o microclima do solo e das plantas. Ajuda a regular a temperatura do solo, reduz a evaporação, conserva a humidade do solo, reduz o stress hídrico, mantém a superfície do solo mais quente, diminui a densidade aparente do solo, aumenta a biomassa microbiana do solo, diminui as perdas por lixiviação na zona radicular das plantas e aumenta a disponibilidade de nutrientes através do aumento da fotossíntese, da translocação eficaz de açúcares solúveis e de uma melhor biomassa radicular. O efeito indireto da cobertura morta considera a redução da população de agentes patogénicos e a redução do crescimento de ervas daninhas anuais e perenes. A cobertura morta também aumenta o rendimento da cultura. Assim, na presente investigação, tentou-se estudar o **efeito de diferentes coberturas vegetais no crescimento, rendimento e qualidade da tuberosa (Polianthes tuberosa L.) var. Suvasini.** A referência da tuberosa e das culturas relevantes foi também recolhida e sistematicamente apresentada sob os seguintes títulos.

I.1   Parâmetros de crescimento vegetativo

I.2   Atributos de floração e rendimento

I.3   Parâmetros de qualidade

I.4   Economia

2.1 PARÂMETROS DE CRESCIMENTO VEGETATIVO

Tuberosa

Prakash *et al.* (2011) registaram um aumento significativo da altura das plantas (54,06 cm) e comprimento da folha (36,04 cm)   em tuberosa   com   a   aplicação   de   secagem

folhas de cana-de-açúcar em comparação com o controlo, enquanto a cobertura de polietileno teve um efeito adverso no crescimento da cultura.

Amin *et al.* (2015) observaram que a altura da planta e o número de folhas por planta de tuberosa diferiram significativamente devido à aplicação de diferentes coberturas vegetais e registaram a altura máxima da planta e o número de folhas por planta a partir da cobertura vegetal de palha de arroz, que foi seguida de perto pela cobertura vegetal de jacinto de água, enquanto que foi mínima a partir do controlo (sem tratamento de cobertura vegetal) na fase de 75 dias após a plantação.

Mridul e Choudhury (2017) estudaram o efeito da cobertura morta no crescimento e na floração da tuberosa cv. Double e registaram a altura máxima da planta (103,46 cm), o número de folhas, a área foliar e o número de rebentos por planta (106,50, 92,79 cm^2 e 15,20, respetivamente) e o aparecimento mais precoce de rebentos (39,00 dias) com a aplicação de cobertura morta de polietileno preto.

Cravo

Kabir *et al.* (2007) revelaram que a altura da planta (47,00 cm) e o número de folhas por planta (220,00) variaram significativamente devido a diferentes tipos de práticas de cobertura morta em dianthus (*Dianthus chinensis* Lin.) e foi mais elevado no tratamento com cobertura morta de plástico preto seguido de jacinto de água e cobertura morta de palha e foi mais baixo no tratamento de controlo ou sem cobertura morta em diferentes fases de crescimento com intervalos de 10 dias.

Parmar *et al.* (2020) estudaram a influência de diferentes materiais orgânicos de cobertura morta (composto de cogumelos usados, cobertura morta de relva e agulhas de pinheiro) nos parâmetros de crescimento das plantas de cravo cv. Loris e encontraram uma altura de planta significativamente mais elevada (92,35 cm e 94,73 cm durante o primeiro e o segundo fluxo, respetivamente) e uma propagação de planta (18,11 cm e 19,19 cm durante o primeiro e o segundo fluxo, respetivamente) com a aplicação de composto de cogumelo gasto em relação ao controlo.

China aster

Bajad *et al.* (2017) estudaram o efeito dos materiais de cobertura morta, *a saber,* cobertura morta de polietileno preto (100 ц), cobertura morta de polietileno prateado (100 ц), cobertura morta de polietileno transparente (100 ц), agulha de pinheiro (camada de 1 ") e grama (camada de 1") no crescimento vegetativo da áster da China em YSPUH & F, Nauni (HP) e observou que a aplicação de cobertura morta de polietileno prateado aumentou significativamente a altura da planta (84,48 cm) e a propagação da planta (48,39 cm) sobre o controle, exceto a cobertura morta de polietileno prateado, que está a par. **Crisântemo**

Sanas *et al.* (2018) observaram que a aplicação de coberturas vegetais de polietileno (plástico preto e plástico prateado) aumentou significativamente a altura das plantas, a dispersão das plantas e o número de ramos por planta em comparação com a ausência de cobertura vegetal e a cobertura vegetal de resíduos de culturas.

Vamaja *et al.* (2021) estudaram o efeito de coberturas de polietileno de diferentes cores (preto, branco, amarelo, vermelho e prateado) e coberturas orgânicas (cobertura de lixo de cana-de-açúcar @5 t ha^{-1} , cobertura de palha de arroz @8 t ha^{-1} e cobertura de erva seca @6 t ha^{-1}) no crescimento vegetativo do crisântemo cv. Ratlam Selection e descobriu que o uso de resíduos de cana-de-açúcar como cobertura morta teve melhor desempenho em termos de altura da planta, propagação da planta, área foliar e número de ramos por planta, seguido pela cobertura morta de palha de arroz.

Freesia

Younis *et al.* (2012) realizaram uma experiência na UAS, Faisalabad, Paquistão, para estudar o efeito de diferentes tipos de cobertura morta (palha de arroz, folha de polietileno preto (0,4 mm) e folha de polietileno branco (0,4 mm)) em vários atributos de crescimento da *Freesia* cv. Aurora e observaram uma influência significativa das coberturas mortas sobre o controlo. Registaram também uma altura máxima das plantas com a aplicação de cobertura morta de palha de arroz, seguida de folha de polietileno branca e folha de polietileno preta.

Gaillardia

Kazemi e Jozay (2020) realizaram uma experiência para estudar o efeito de coberturas orgânicas (aparas de madeira, agulhas de pinheiro e escória) e inorgânicas (polietileno preto e polietileno preto prateado) nas caraterísticas de crescimento de *Gaillardia spp.* em FUM, Mashhad, Irão, e verificaram que a altura das plantas era significativamente mais elevada nos tratamentos com coberturas em comparação com o controlo. As plantas cultivadas com o mulch de aparas de madeira foram associadas à maior altura de planta.

Gerbera

Sarmah *et al.* (2014) estudaram o efeito da cobertura vegetal no crescimento e na floração da gerbera cv. Red Gem nas condições de Assam. Experimentaram seis tipos diferentes de coberturas vegetais (polietileno preto, palha de arroz, folhas secas, folhas de bananeira secas, jacinto de água e casca de arroz) e registaram a altura máxima das plantas (43,57 cm), o número de folhas (26,00 touceiras^{-1}) e o número de rebentos (23,13 touceiras^{-1}) com a aplicação de cobertura vegetal de polietileno preto.

Gladíolo

Baladha *et al.* (2020) realizaram uma experiência para estudar o efeito de diferentes coberturas de polietileno (vermelho, preto e prateado) nos parâmetros de crescimento do gladíolo cv. Psittacinus Hybrid e revelaram que a altura máxima da planta (20,41 cm, 57,07 cm e 71,46 cm) e o número de folhas por planta (2,95 cm, 6,14 cm e 7,93 cm) com a aplicação de cobertura de polietileno vermelho aos 30, 60 e 90 dias após a plantação, respetivamente.

Calêndula

Malshe *et al.* (2017) notaram que as plantas de calêndula cobertas com polietileno preto eram promissoras para aumentar os parâmetros vegetativos, *ou seja,* a altura máxima da planta e o número de ramos por planta na GBPUA&T, Pantnagar.

Kusuma e Thaneshwari (2021) mostraram que a utilização de cobertura morta teve uma influência significativa no crescimento da calêndula africana em comparação com o controlo. Entre as coberturas (polietileno prateado, polietileno preto e palha de arroz), a aplicação de cobertura morta de polietileno preto respondeu com altura máxima da planta (51,31 cm), diâmetro do caule (2,01 cm), número de ramos primários (10,36) e número de ramos secundários (13,01).

Sikarwar *et al.* (2021) estudaram o efeito de coberturas de polietileno de diferentes cores (verde, azul, preto prateado e preto) e coberturas orgânicas (palha de arroz, palha de trigo, casca de arroz e fibra de coco) no crescimento vegetativo da calêndula africana e registaram a altura máxima das plantas, o número de folhas e de ramos por planta com a aplicação de cobertura de polietileno preto prateado.

Wagan *et al.* (2022) observaram um efeito significativo de várias coberturas (polietileno preto, erva seca, palha de arroz e folhas de bananeira) no crescimento da calêndula (*Tagetes erecta* L.) em comparação com o controlo. Também mostraram que a planta de calêndula cultivada sob cobertura de polietileno preto produziu a altura máxima da planta e o número de folhas e ramos por planta.

Nerium

Annasamy *et al.* (2020) revelaram que as plantas de nerium (*Nerium oleander* L.) cultivadas com cobertura morta de polietileno preto produziram significativamente uma altura máxima da planta (151,00 cm e 216,50 cm) e um número de ramos primários por planta (6,02 e 8,28) nas fases de pré-floração e floração, respetivamente, em comparação com a cobertura morta de resíduos de coco e o controlo.

Rosa

Sardar *et al.* (2016) realizaram uma experiência para estudar a influência dos materiais de cobertura morta (película de polietileno preto, palha de arroz, aparas de relva e serradura) no crescimento da planta de *Rosa centifolia* e observaram que a planta coberta com película de polietileno preto produziu um número máximo de ramos, rebentos e folhas e comprimento da raiz 30 e 60 dias após a cobertura morta.

Jadhav *et al.* (2018) relataram que o crescimento vegetativo da rosa cv. 'Gladiator' foi significativamente influenciado por diferentes materiais de cobertura e a altura máxima da planta, o número de ramos e a propagação da planta na direção N-S foram registados em plantas cultivadas sob cobertura de polietileno preto. Concluíram que o polietileno de cor preta tinha mais capacidade de regular a temperatura do solo do que outros materiais de cobertura. Pode ter proporcionado condições adequadas para as plantas no que respeita à altura, ao número de ramos e à propagação das plantas, melhorando as condições microclimáticas do solo e a disponibilidade de nutrientes para as plantas.

Thakur *et al.* (2019a) observaram uma influência significativa das coberturas vegetais nos atributos de crescimento vegetativo da rosa damascena em comparação com o controlo. Registaram a altura máxima da planta e o número de ramos por planta com o tratamento de cobertura morta de polietileno preto.

Singh e Thakur (2022) estudaram o efeito de diferentes materiais de cobertura vegetal nos parâmetros de crescimento da rosa (*Rosa hybrida* L.). Experimentaram oito materiais de cobertura diferentes, *nomeadamente,* cobertura de polietileno preto (50, 100 e 200 μ de espessura), cobertura de polietileno branco (50, 100 e 200 μ de espessura) e cobertura de palha de arroz (6 t ha^{-1}), juntamente com o controlo, e concluíram que a aplicação de cobertura de palha de arroz (6 t ha^{-1}) respondeu pela altura máxima da planta, número de ramos por planta e número de flores por planta.

Soujanya *et al.* (2022) revelaram uma influência significativa de diferentes coberturas orgânicas em vários parâmetros de crescimento vegetativo da rosa do campo e a altura máxima da planta, o número de ramos secundários por planta e a propagação da planta foram registados com a aplicação de cobertura morta de resíduos de cana-de-açúcar seguida de cobertura morta de palha de arroz.

Alho

Haque *et al.* (2003) registaram uma altura máxima das plantas, número de folhas e número de raízes por planta com a aplicação de coberturas naturais e sintéticas no alho, em comparação com o controlo irrigado e não irrigado.

Açafrão-da-terra

Kumar *et al.* (2008) observaram que a altura das plantas, a circunferência do caule, a biomassa seca e a produção de peso seco das raízes da curcuma como cultura intercalar em pomares de mangueiras em condições de sequeiro eram significativamente mais elevadas com diferentes tipos de coberturas orgânicas do que com o controlo.

2.2 FLORAÇÃO E ATRIBUTOS DE RENDIMENTO

Tuberosa

Prakash *et al.* (2011) observaram a abertura mais precoce das primeiras flores e o peso máximo do bolbo, número de flores por espiga e bolbos por planta com a aplicação de coberturas orgânicas (folhas secas de cana-de-açúcar, erva daninha seca e palha de arroz) em comparação com o controlo.

Amin *et al.* (2015) revelaram que as plantas de tuberosa cultivadas com cobertura morta de palha de arroz produziram mais cedo a primeira espiga de flor e tiveram uma percentagem máxima de plantas com flor, número de espiguetas por espiga, número de espigas por hectare, peso de bolbo individual e rendimento de bolbos e bolbos por hectare do que o controlo.

Barman *et al.* (2015) observaram o maior diâmetro de bolbo individual e de bolbo, rendimento de espigas e bolbos por hectare a partir da cobertura morta de jacinto de água seguida da cobertura morta de palha de arroz, no entanto, foi mais baixo sem tratamento de cobertura morta.

Mridul e Choudhury (2017) estudaram o efeito da cobertura morta na floração e nos parâmetros de rendimento da tuberosa e observaram a emergência mais precoce da espiga (118,10 dias) e a abertura do primeiro par de florzinhas (148,10 dias), o número máximo de florzinhas (40,66 espigas^{-1}), o peso fresco da espiga (122,47 g) e o peso seco da espiga (14,59 g) com a aplicação de cobertura morta de folhas secas. Eles também observaram o número máximo de bulbos (35,20 touceira^{-1}), número de bulbos grandes e médios (8,30 touceira^{-1} e 17,50 touceira^{-1} , respetivamente), peso fresco do florete (2,54 g), peso seco do florete (0,26 g) e peso da touceira (470,67 g) com a aplicação de cobertura morta de polietileno preto.

Sultana *et al.* (2018) estudaram a influência das coberturas vegetais na floração e no rendimento da tuberosa e registaram uma emergência significativamente mais precoce da espiga (58,73), maior número de floretes por espiga (14,02) e espigas por hectare (346,29 mil), número de bolbos por planta (23,24) e rendimento de bolbos por hectare (22,38 t ha^{-1}) com coberturas orgânicas (jacinto de água e palha de arroz) em comparação com o controlo em Sher-e-Bangla, Bangladesh.

Vaid *et al.* (2019) referiram que as plantas de tuberosa cobertas com polietileno preto estabeleceram parâmetros de planta e rendimento significativamente superiores, *nomeadamente,* número de floretes por espiga, espigas por parcela, peso fresco da espiga e tamanho do bolbo na tuberosa cv. Sikkim Selection em Nauni, Solan, Himachal Pradesh.

Cravo

Kabir *et al.* (2007) observaram o início mais precoce do botão floral (24,00 dias) e o número máximo de flores (178 plantas^{-1}) e o diâmetro do botão floral (10 cm) em dianthus com a aplicação de cobertura morta de polietileno preto, sendo mínimo no tratamento de controlo ou sem cobertura morta.

Parmar *et al.* (2020) observaram a influência significativa de diferentes materiais orgânicos de cobertura vegetal, *nomeadamente* composto de cogumelos usados, cobertura vegetal de relva e agulhas de pinheiro, no carácter de floração do cravo cv. Loris e a fase de colheita mais precoce, a duração máxima da floração, o número de flores cortadas por planta e o tempo de vida do vaso foram registados com o composto de cogumelos usado, seguido de cobertura vegetal de erva e agulhas de pinheiro. **Áster da China**

Bajad *et al.* (2017) observaram uma formação de botões florais significativamente mais precoce e 50% de floração, maior duração da floração, maior diâmetro da flor, número de flores e produção de flores por planta na China aster com aplicação de cobertura morta de polietileno prateado em relação ao controlo.

Crisântemo

Sanas *et al.* (2018) verificaram uma influência significativa das coberturas vegetais na floração e nos atributos de rendimento do crisântemo. Registaram o número máximo de flores por planta, o diâmetro da flor, o número de sementes por cabeça de flor e a produção de sementes por planta com o mulch de polietileno preto, seguido do mulch de polietileno prateado e do mulch de resíduos de culturas.

Vamaja *et al.* (2021) observaram uma influência significativa da aplicação de diferentes coberturas orgânicas, *ou seja,* cobertura morta de resíduos de cana-de-açúcar (5 t ha^{-1}), cobertura morta de palha de arroz (8 t ha^{-1}) e cobertura morta de erva seca (6 t ha^{-1}) em várias caraterísticas de floração do crisântemo cv. Ratlam Selection nos restantes tratamentos. A aplicação de cobertura morta de palha de cana-de-açúcar (5 t ha^{-1}) registou a duração máxima da floração, o número de flores e a produção de flores, seguida da cobertura morta de palha de arroz (8 t ha^{-1}) e da cobertura morta de erva seca (6 t ha^{-1}).

Freesia

Younis *et al.* (2012) registaram um número significativamente máximo de floretes por espiga, número de espigas e floretes por planta com a incorporação de cobertura morta de palha de arroz, seguido de folha de polietileno branca e folha de polietileno preta, enquanto que foi mínimo com o tratamento sem cobertura morta. Observaram também que o aparecimento de flores *de frésia* foi significativamente mais precoce com a aplicação de cobertura morta de palha de arroz do que com os restantes tratamentos, exceto com a cobertura morta de folha de polietileno preta, que foi igual.

Gladíolo

Chander e Dhatt (2021) revelaram que a produção de cormos em termos de número de cormos e cormelos e peso de cormos por planta foi significativamente influenciada por diferentes tipos de coberturas em gladíolos e foi máxima com plantas cultivadas sob cobertura de polietileno preto (25 ц).

Gerbera

Sarmah *et al.* (2014) observaram o início mais precoce do botão floral (62,50 dias) e o número máximo de flores (45,33 plantas^{-1}) de gérbera cv. Red Gram com a aplicação de polietileno preto.

Merigold

Malshe *et al.* (2017) registaram o número máximo de flores e a produção de flores por planta em calêndula com a aplicação de cobertura morta de polietileno preto.

Thakur *et al.* (2019b) estudaram o efeito da cobertura morta (cobertura morta de polietileno preto, cobertura morta de polietileno preto prateado e resíduos de culturas) na produção de sementes de calêndula

(*Tagetes erecta* L.) cv. Pusa Narangi Gainda e registou o número máximo de sementes por cabeça, a produção de sementes por planta e o peso de 1000 sementes com o mulch de polietileno preto prateado.

Shinde *et al.* (2021) mostraram que a floração e os atributos de rendimento da calêndula foram significativamente influenciados por diferentes tipos de coberturas (palha de arroz, erva seca, folhas *de Glyricidia*, cobertura morta de polietileno preto e cobertura morta de polietileno prateado) nas condições agroclimáticas de Konkan. Entre as coberturas, a cobertura de polietileno preto respondeu com o início mais precoce da floração e 50% de floração, duração máxima da floração, diâmetro da flor e peso fresco e seco da flor.

Sikarwar *et al.* (2021) efectuaram uma investigação sobre o efeito de diferentes coberturas vegetais na floração da calêndula africana e verificaram que o número mínimo de dias para o aparecimento de botões (47,12), o peso máximo das flores (10,46 g), o número de flores (40,44 plantas^{-1}) e a produção de flores (423,00 g de plantas^{-1} , 3807,00 g de parcelas^{-1} e 38,07 t ha^{-1}) com a aplicação de cobertura vegetal de polietileno preto prateado.

Wagan *et al.* (2022) relataram que a cobertura morta de polietileno preto causou uma floração mais precoce, diâmetro máximo da flor, peso fresco e seco da flor na calêndula africana em comparação com os restantes tratamentos, *ou seja,* cobertura morta de erva seca, cobertura morta de palha de arroz, cobertura morta de folhas de bananeira e controlo.

Nerium

Annasamy *et al.* (2020) registaram a emergência mais precoce da primeira inflorescência e a abertura da primeira flor em nerium com a aplicação de cobertura morta de polietileno preto.

Rosa

Kumar *et al.* (2010) revelaram que a aplicação de 100 ц de cobertura morta de polietileno preto na rosa cv. Laher respondeu com o número máximo de flores por planta e a maior duração da floração.

Bohra *et al.* (2016) realizaram uma experiência para investigar o efeito dos materiais de cobertura vegetal nos atributos florais e de rendimento da rosa (*Rosa spp.* L.) cv. Lahar sob condições de *tarai* de Uttarakhand e observaram dias mínimos para a floração, duração máxima da floração, longevidade da flor e número de flores por planta com a aplicação de 100 ц de cobertura morta de polietileno preto durante as duas estações, *ou seja,* inverno e primavera.

Jadhav *et al.* (2018) obtiveram o número máximo de flores de rosa por planta com a aplicação de cobertura morta de polietileno preto.

Thakur *et al.* (2019a) avaliaram diferentes coberturas orgânicas e de polietileno quanto ao seu efeito sobre os atributos de rendimento da rosa cv. 'Gladiator' e relataram que as plantas cobertas com cobertura de polietileno preto tinham o número máximo de flores por planta, peso fresco da flor, rendimento de flores por hectare e composição de óleo essencial por hectare, seguido de cobertura orgânica e mínimo sob controlo (sem cobertura).

Singh e Thakur (2022) observaram que a aplicação de cobertura morta de polietileno preto de 200 LI revelou uma duração máxima da floração (101,36 dias) e um diâmetro de flor (9,95 cm) em *Rosa hybrida* L.

Soujanya *et al.* (2022) relataram que o número máximo de flores (239,55 plantas^{-1}), a produção de flores (708,79 g de plantas^{-1}), a produção de flores (6,54 kg de parcela^{-1}) e a produção de flores (8,07 t ha^{-1}) foram produzidos por plantas cobertas com resíduos de cana-de-açúcar em rosa do campo.

Girassol

Agele *et al.* (2010) estudaram o efeito de materiais de cobertura morta (polietileno preto, erva seca e rebentos de *Chromolaena odorata* e folhas secas de teca) no rendimento do girassol e observaram que o rendimento máximo de sementes produzido sob cobertura morta de erva seca em comparação com o controlo.

Alho

Haque *et al.* (2003) registaram que o comprimento e o diâmetro dos bolbos, o peso fresco e seco dos bolbos e o rendimento por hectare eram significativamente mais elevados com os tratamentos de cobertura morta (jacinto de água, polietileno preto, pó de serra e polietileno transparente) em comparação com o controlo no alho em condições de regadio e de sequeiro.

Jamil *et al.* (2005) estudaram o efeito de diferentes coberturas (polietileno, palha e serradura, juntamente com o controlo) no rendimento do alho (*Allium sativum* L.) e observaram que as coberturas de palha e de polietileno aumentaram o rendimento dos bolbos e os componentes do rendimento em comparação com o controlo.

Cebola

Inusah *et al.* (2013) realizaram uma experiência para estudar o efeito de diferentes coberturas vegetais no rendimento e na produtividade da cebola e verificaram um aumento da produtividade e do rendimento com a incorporação de diferentes tipos de coberturas vegetais de base orgânica (erva e palha de arroz) em relação ao controlo.

Açafrão-da-terra

Kumar *et al.* (2008) registaram caraterísticas de rendimento significativamente superiores, *como o* número e o peso dos dedos, o peso do rizoma-mãe e o rendimento fresco do rizoma na curcuma com coberturas orgânicas, em comparação com o controlo.

2.3 PARÂMETROS DE QUALIDADE

Tuberosa

Prakash *et al.* (2011) revelaram uma influência significativa dos materiais de cobertura vegetal (palha de arroz, erva daninha seca, folhas de cana-de-açúcar secas, película de polietileno transparente, película de polietileno preto) na floração e nos parâmetros de rendimento da tuberosa em comparação com o controlo.

Amin *et al.* (2015) observaram que o comprimento máximo da espiga e o comprimento da ráquis em plantas de tuberosa cultivadas com cobertura morta de jacinto de água, estaticamente a par com a cobertura morta de palha de arroz em comparação com o controlo.

Mridul e Choudhury (2017) observaram que os caracteres florais foram significativamente influenciados pela cobertura morta de folhas secas e registaram o comprimento máximo da espiga (88,28 cm), o comprimento do ráquis (55,91 cm), a vida própria do florete (8,00 dias) e a vida de vaso da espiga (9,00 dias). Já a cobertura morta de polietileno preto apresentou tamanho máximo de florete (6,27 cm).

Sultana *et al.* (2018) revelaram que a aplicação de cobertura morta de jacinto de água aumentou significativamente o comprimento da espiga (66,29 cm) e o comprimento da ráquis (34,23 cm) em comparação com o controlo (sem cobertura morta).

Vaid *et al.* (2019) realizaram uma experiência para investigar o efeito da cobertura morta nos atributos de floração da cv. Sikkim Selection e obtiveram o comprimento máximo de espiga (100,42 cm) com cobertura morta de polietileno preto.

Crisântemo

Vamaja *et al.* (2021) mostraram que a aplicação de coberturas vegetais (coberturas de polietileno preto, branco, amarelo, vermelho e prateado, resíduos de cana-de-açúcar, palha de arroz, erva seca) melhorou significativamente os caracteres de floração da cv. Ratlam Selection em comparação com o controlo. Registaram o diâmetro máximo da flor e o comprimento do caule da flor com a cobertura de lixo da cana de açúcar.

Gerbera

Sarmah *et al.* (2014) observaram uma influência significativa das coberturas vegetais nos caracteres florais da gerbera cv. Red Gram em comparação com o controlo. Registaram o tamanho máximo da flor e o comprimento do pedúnculo da flor com a cobertura de polietileno preto.

Calêndula

Malshe *et al.* (2017) revelaram que as plantas de calêndula africana (*Tegetes erecta* L.) cultivadas com cobertura morta de polietileno preto produziram um diâmetro máximo da flor e um comprimento máximo do caule da flor em comparação com o resto dos tratamentos com cobertura morta e o controlo.

Sikarwar *et al.* (2021) mostraram que o efeito significativo das coberturas vegetais nos parâmetros de qualidade, *ou seja,* comprimento do caule, diâmetro da flor e prazo de validade da calêndula, foi máximo com a cobertura de polietileno preto prateado.

Rosa

Kumar *et al.* (2010) mostraram que as roseiras cultivadas com coberturas vegetais tinham parâmetros de qualidade significativamente superiores, como o diâmetro da flor, o comprimento do pedúnculo da flor e o tempo de vida do vaso, em comparação com o controlo, e eram mais elevados sob 100 ц de polietileno preto.

Bohra *et al.* (2016) efectuaram uma experiência para estudar o efeito dos materiais de cobertura vegetal nos atributos florais da rosa (*Rosa spp.* L.) cv. Lahar em condições de *tarai* de Uttarakhand. Os resultados mostraram que durante ambas as estações, *ou seja,* inverno e primavera, o diâmetro máximo da flor (8,62 cm e 6,5 cm, respetivamente), a vida útil do vaso (8,59 dias e 8,55 dias, respetivamente) e a absorção de água (22,45 ml e 21,15 ml, respetivamente) foram registrados a partir de cobertura vegetal com filme de polietileno preto de 100 ц.

Jadhav *et al.* (2018) relataram que o comprimento máximo da flor e o comprimento do caule da flor foram significativamente com a aplicação de cobertura morta de polietileno preto (300 ц) em rosa, no entanto, o diâmetro máximo da flor foi registrado com a incorporação de polietileno preto (400 ц).

2.4 ECONOMIA

Crisântemo

Vamaja *et al.* (2021) calcularam a economia de vários tratamentos de cobertura morta no crisântemo cv. Ratalam Selection e registaram um rendimento líquido mais elevado (? 3,24,087 ha^{-1}) e uma relação custo-benefício máxima (1,88) com a aplicação de cobertura morta de resíduos de cana-de-açúcar @5 t ha^{-1} .

Calêndula

Shinde *et al.* (2022) observaram que a aplicação de polietileno preto tinha proporcionado um lucro líquido mais elevado (? 7,47,922.8 ha^{-1}) e uma relação custo-benefício máxima (1,97) em relação ao controlo.

III MATERIAL E MÉTODOS

A presente investigação, intitulada **Efeito de diferentes coberturas vegetais no crescimento, rendimento e qualidade da tuberosa (*Polianthes tuberosa* L.) var. Suvasini**, foi realizada na Quinta da Faculdade, Faculdade de Horticultura, Universidade Agrícola de Sardarkrushinagar Dantiwada, Jagudan, Dist. Mehsana, Gujarat, entre abril de 2022 e fevereiro de 2023. Os detalhes do material utilizado e os métodos adotados para registar a observação durante o curso da investigação são apresentados neste capítulo.

3.1. LOCALIZAÇÃO

Do ponto de vista geográfico, a College Farm, College of Horticulture, Sardarkrushinagar Dantiwada Agricultural University, Jagudan, distrito de Mehsana, está situada no norte de Gujarat, a 23,53° de latitude norte e 72,43° de longitude leste. A altitude é de cerca de 90,6 metros acima do nível médio do mar. Jagudan fica a 10 km de Mehsana e a 60 km de Ahmedabad. De acordo com as regiões agro-climatológicas de Gujarat, a unidade experimental pertence à Zona Agro-Climática IV de Gujarat Norte.

3.2. CONDIÇÕES CLIMATÉRICAS E METEOROLÓGICAS

O clima desta região é tipicamente subtropical, caracterizado por condições semi-áridas com um verão quente e seco e ventoso, uma monção quente e húmida e um inverno frio. Em geral, a monção começa durante a segunda quinzena de junho e termina na segunda quinzena de setembro. A maior parte da precipitação é recebida da monção do sudoeste, concentrando-se durante os meses de julho e agosto. Não é raro chover antes da monção na primeira semana de junho. A estação do inverno começa no final de outubro e continua até ao final de fevereiro. A temperatura mínima do ano é atingida nos meses de dezembro ou janeiro. A temperatura começa a subir a partir de fevereiro e atinge o máximo no mês de maio. abril e maio são os meses mais quentes da época de verão.

As observações meteorológicas semanais médias foram registadas durante o período de experimentação (*ou seja,* abril de 2022-fevereiro de 2023) no observatório meteorológico da Estação de Investigação de Sementes de Especiarias, Universidade Agrícola de Sardarkrushinagar Dantiwada, Jagudan, e são apresentadas no Quadro 3.1 e representadas graficamente na Figura 3.1.

Os dados revelaram que o início da monção em 2022 foi atrasado de quinze dias em relação ao início normal da monção. A precipitação total registada durante

Quadro 3.1: Detalhes dos parâmetros meteorológicos registados durante o período de inquérito (abril de 2022 a fevereiro de 2023) numa base semanal

Mês	Semana normal	Temperatura		(°C)	Velocidade do vento (km hr)$^{-1}$	Precipitação (mm)
		Máximo.	Min.	Média		
abril de 2022	16	37.59	25.09	31.34	4.86	0.00
	17	38.93	26.64	32.79	4.29	0.00
maio de 2022	18	39.50	28.03	33.77	5.12	0.00
	19	40.90	29.90	35.40	5.70	0.00
	20	39.79	28.39	34.09	6.14	0.00
	21	37.36	28.00	32.68	9.51	0.00
junho de 2022	22	38.17	27.36	32.77	5.76	0.00
	23	39.31	28.49	33.90	8.60	0.00
	24	34.21	28.60	31.41	5.73	0.00

	25	33.76	27.86	30.81	5.93	0.00
	26	34.76	28.14	31.45	6.24	0.00
julho de 2022	27	31.91	26.57	29.24	3.88	12.85
	28	30.37	25.94	28.16	4.83	30.08
	29	30.86	25.86	28.36	4.51	5.60
	30	29.57	25.93	27.75	3.64	24.60
agosto de 2022	31	31.61	26.89	29.25	3.23	0.00
	32	29.69	25.89	27.79	2.65	15.15
	33	29.59	26.69	28.14	2.62	33.57
	34	30.46	25.43	27.95	3.09	63.87
setembro de 2022	35	30.90	26.86	28.88	1.88	0.00
	36	30.29	27.46	28.88	3.56	0.00
	37	29.39	25.50	27.45	3.09	31.16
	38	29.71	25.57	27.64	4.65	0.00
outubro de 2022	39	30.66	25.46	28.06	3.81	0.00
	40	31.50	26.04	28.77	3.43	0.00
	41	30.50	25.79	28.15	1.51	0.00
	42	33.06	24.04	28.55	1.88	0.00
	43	34.09	24.87	29.48	1.98	0.00
novembro de 2022	44	33.07	21.61	27.34	1.67	0.00
	45	34.20	21.36	27.78	1.42	0.00
	46	33.70	18.77	26.24	1.63	0.00
	47	31.10	15.63	23.37	1.55	0.00
dezembro de 2022	48	30.46	14.07	22.27	2.07	0.00
	49	30.09	14.63	22.36	1.74	0.00
	50	30.67	17.31	23.99	2.45	0.00
	51	30.26	16.04	23.15	1.76	0.00
	52	28.25	10.76	19.51	2.20	0.00
janeiro de 2023	1	24.64	15.90	20.27	2.08	0.00
	2	21.33	9.06	15.20	3.02	0.00
	3	22.61	12.83	17.72	2.50	0.00
	4	21.57	26.86	24.22	3.01	0.00
	5	27.73	11.23	19.48	2.41	0.00
fevereiro de 2023	6	32.00	13.67	22.84	2.08	0.00
	7	35.56	15.29	25.43	1.85	0.00

Fonte: Observatório Meteorológico da Estação de Investigação de Sementes e Especiarias, Universidade Agrícola de Sardarkrushinagar Dantiwada, Jagudan.

17

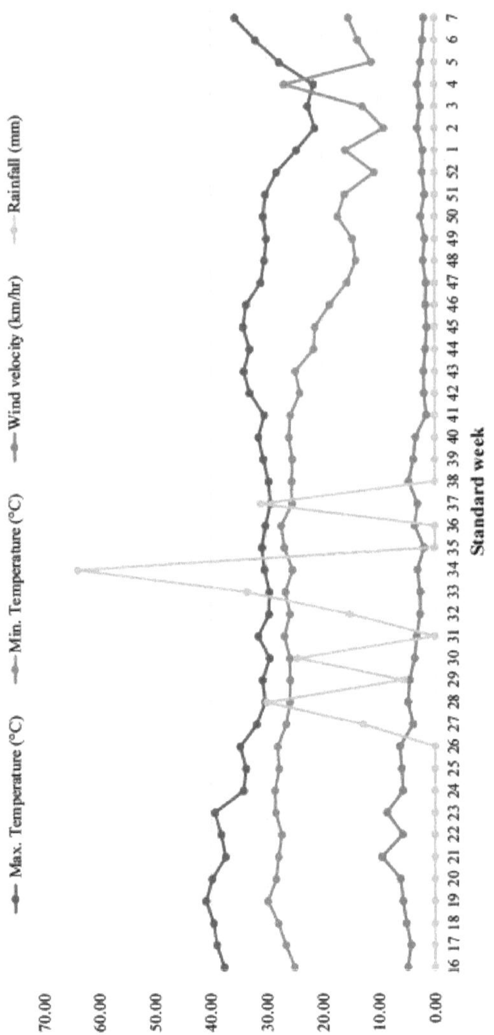

Fig. 3.1: Detalhes dos parâmetros meteorológicos registados durante o período de inquérito numa base semanal (2022-23)

o período de crescimento da cultura (de abril de 2022 a fevereiro de 2023) foi de 216,34 mm. O valor médio semanal da temperatura máxima variou de 21,33°C (2nd semana padrão) a 40,90°C (19th semana padrão) durante o período de cultivo. O valor médio semanal da temperatura mínima variou de 9,06°C (2nd semana padrão) a 29,90°C (19th semana padrão) durante o período de cultivo.

3.3 CARACTERÍSTICAS DO SOLO

O solo do campo experimental tinha uma topografia uniforme com um declive suave e boa drenagem. A fim de estudar as propriedades mecânicas e químicas do solo, foram recolhidas amostras de solo de 0 a 15 cm de profundidade em 5 locais diferentes selecionados aleatoriamente na área experimental antes de se iniciar a experiência. Foi preparada uma amostra composta representativa através da secagem, mistura, trituração e peneiração das amostras primárias de solo. A amostra composta foi utilizada para analisar as caraterísticas mecânicas e químicas do solo e os seus resultados são apresentados no Quadro 3.2.

Quadro 3.2: Propriedades físico-químicas ies de solo antes da plantação

Caraterísticas		Valor obtido	Referência ao método utilizado
Análise mecânica			
(a)	Areia (%)	79.57	Método Internacional da Pipeta (Piper, 1950)
(b)	Silte (%)	13.32	
(c)	Argila (%)	06.50	
(d)	Classe textural	Areia argilosa	
Análise química			
(a)	pH do solo (rácio solo: água de 1:2)	7.82	Método potenciométrico (Jackson, 1973)
(b)	Condutividade eléctrica (dSm^{-1}) (proporção 1:2 solo: água)	0.22	Método Schofield (Jackson, 1973)
(c)	Carbono orgânico (%)	0.25	Método de titulação rápida de Walkley e Black (Jackson, 1973)
(d)	N disponível (kg ha)$^{-1}$	170.00	Método do permanganato de potássio alcalino (Subbiah e Asija, 1956)
(e)	P2O5 disponível (kg ha)$^{-1}$	30.25	Método de Olsen (Jackson, 1973)
(f)	K2O disponível (kg ha)$^{-1}$	260.55	Método de fotometria de chama (Jackson, 1973)

Os dados apresentados no quadro 3.2 indicam que o solo do local experimental é de textura franco-arenosa, com uma reação ligeiramente alcalina, baixo teor de carbono orgânico e de azoto disponível e médio teor de fósforo e potássio disponíveis. O pH do solo é neutro e o teor de sal é normal.

3.4 ESCOLHA DA VARIEDADE

A presente experiência foi efectuada com a variedade de tuberosa "Suvasini". Trata-se de uma variedade de flor dupla lançada pelo Instituto Indiano de Investigação em Horticultura (IIHR), Hesaraghatta Lake, Bengaluru, Karnataka. Trata-se de um cruzamento entre 'Mexican Single' e 'Pearl Double' (Safeena *et al.*, 2015). Esta variedade produz um maior número de flores por espiga. As hastes são mais adequadas para flores de corte. Esta variedade de tuberosa é multiflorescente, com flores perfumadas, grandes, brancas e arrojadas, em longas hastes, em contraste com as flores esbranquiçadas da cv. local 'Double'. O número de flores por espiga é maior e a abertura das flores é uniforme nesta variedade, em comparação com a cultivar local "Double". A produção de espigas é 26 por cento superior à da cultivar local Pearl Double.

3.5 PORMENORES EXPERIMENTAIS

Os pormenores das técnicas experimentais utilizadas para a investigação intitulada **Efeito de diferentes coberturas vegetais no crescimento, rendimento e qualidade da tuberosa (*Polianthes tuberosa* L.) var. Suvasini** são apresentados a seguir:

3.5.1 Pormenores dos tratamentos:

Nesta experiência, oito tratamentos, envolvendo três coberturas de polietileno, *ou seja,* cobertura de polietileno preto, cobertura de polietileno preto prateado, cobertura de polietileno preto vermelho e quatro coberturas orgânicas, *ou seja,* cobertura de palha de mostarda, cobertura de casca de rícino, cobertura de palha de funcho e cobertura de palha de sementes de Bishop (*Ajwain*), juntamente com o controlo, foram incorporados neste estudo. Os pormenores dos tratamentos são apresentados no Quadro 3.3.

Quadro 3.3 Pormenores dos tratamentos

N.º Sr.	Tratamento	Notação
1	Sem cobertura vegetal (controlo)	T1
2	Cobertura vegetal de polietileno preto (50 ц)	T2
3	Cobertura vegetal de polietileno preto prateado (50 ц)	T3
4	Cobertura de polietileno vermelho - preto (50 ц)	T4
5	Cobertura morta de palha de mostarda (camada de 2" de espessura)	T5
6	Cobertura vegetal de casca de rícino (camada de 2" de espessura)	T6
7	Cobertura morta de palha de funcho (camada de 2" de espessura)	T7
8	Semente de bispo (*Ajwain)* palha de cobertura morta (camada de 2" de espessura)	T8

As coberturas orgânicas de resíduos de culturas, incluindo palha de mostarda, casca de rícino, palha de funcho e palha de sementes de bispo (*Ajwain*), foram adquiridas na Estação de Investigação de Sementes de Especiarias (SSRS), Universidade Agrícola de Sardarkrushinagar Dantiwada, Jagudan. A cobertura de polietileno de 50 ц da Essen Multipack Ltd., Rajkot, foi utilizada nesta experiência.

 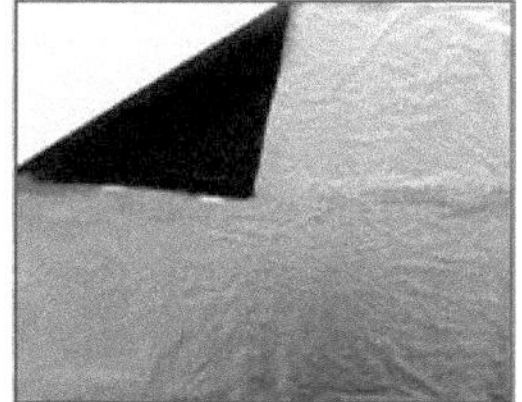

Cobertura vegetal de polietileno preto Prata - cobertura vegetal de polietileno preto

Cobertura morta de polietileno vermelho - preto Cobertura morta de palha de mostarda

Cobertura morta de casca de rícino Cobertura morta de palha de funcho

Palha de sementes de Bishop

FOTO 1: Diferentes coberturas vegetais utilizadas na experiência

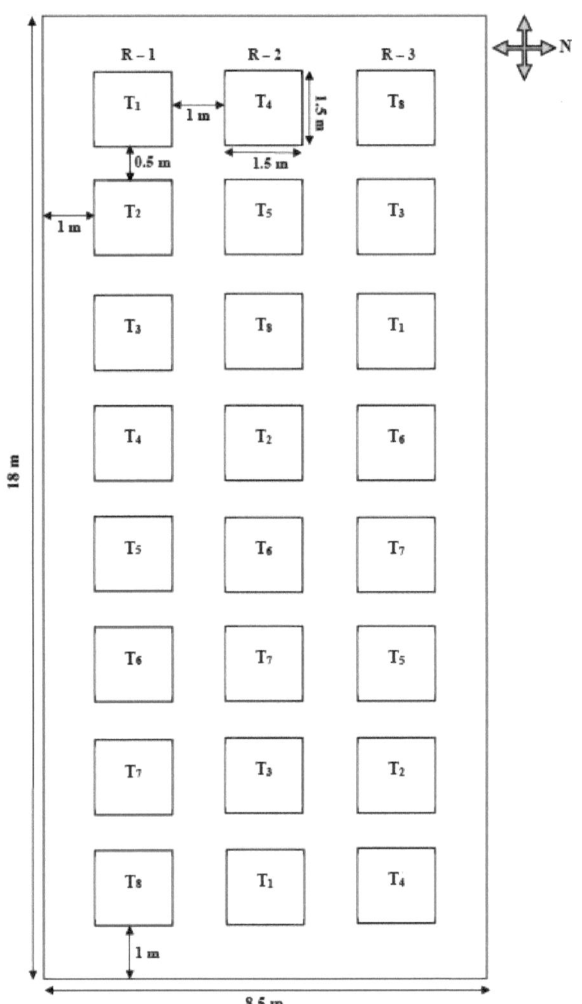

Fig. 3.2: Esquema do campo experimental

FOTO 2: Vista geral da experiência

3.5.2 Conceção e esquema experimental

O experimento foi realizado em um delineamento em blocos casualizados com três repetições. A alocação dos tratamentos na parcela foi feita pelo método aleatório. O plano de implantação da experiência é apresentado na Figura 3.2 e a vista geral do campo experimental é apresentada na Placa 1.

Conceção da experiência	Desenho de blocos aleatórios 8
Número de tratamentos	3
Número de réplicas	24
Número total de parcelas experimentais	30 cm x 30 cm
Espaçamento	Terreno bruto: 1,5 m x 1,5 m
Tamanho da parcela	Lote líquido: 0,9 m x 0,9 m 148,75 m^2
Área total do campo experimental	25
Número de plantas por parcela	600
Número de plantas no campo experimental	Suvasini
Variedades	18 de abril, 2022
Data de plantação	200 : 200 : 200 NPK kg ha^{-1}
Dose recomendada de fertilizantes	Irrigação por gotejamento
Método de irrigação	

3.6 PORMENOR DAS OPERAÇÕES CULTURAIS

As operações culturais efectuadas na parcela experimental são descritas a seguir.

3.6.1 Preparação do terreno

O campo experimental foi lavrado duas vezes com a ajuda de um arado puxado por trator em ambas as direcções, seguido de gradagem para quebrar os torrões, aplainamento e nivelamento. Os restolhos da cultura anterior e as ervas daninhas foram removidos de modo a obter um campo limpo e nivelado com texturas finas. A dose recomendada de estrume foi aplicada uniformemente em todas as parcelas experimentais e incorporada no solo. O espaçamento entre duas repetições foi de 1,00 m e entre duas parcelas de 0,5 m, de modo a permitir a observação. Toda a área experimental foi dividida em parcelas, cada uma medindo 1,5 m x 1,5 m, e foram preparados canteiros elevados. Havia um total de 24 parcelas experimentais. As laterais de gotejamento com gotejadores embutidos (descarga de 4 litros por hora com 30 cm de espaçamento entre gotejadores) foram colocadas para irrigação.

3.6.2 Mulching

As parcelas experimentais foram cobertas com filme de polietileno preto (50 ц), filme de polietileno preto-prateado (50 ц) e filme de polietileno preto-vermelho (50 ц), palha de mostarda (camada de 2" de espessura), casca de mamona (camada de 2" de espessura), palha de funcho (camada de 2" de espessura) e palha de semente de bispo (*Ajwain*) (camada de 2" de espessura), de acordo com o plano de disposição uma semana antes do plantio. A cobertura morta das parcelas experimentais foi efectuada de modo a cobrir completamente o solo da cama elevada. Para a cobertura morta de um hectare de superfície do solo, foram calculados cerca de 476,19 kg de cobertura morta de polietileno (preto, preto-prateado e preto-vermelho) com 50 mícrones de espessura cada e, para preparar uma camada de 2" de espessura de cobertura morta orgânica de resíduos de culturas, foram calculadas cerca de 20,00 toneladas de palha de mostarda, 25,00 toneladas de casca de rícino, 22,00 toneladas de palha de funcho e 20,00 toneladas de palha de sementes de bispo (*Ajwain*). Os lados do filme de polietileno, que foram firmemente ancorados na cama elevada das respectivas parcelas. A camada de resíduos de culturas com duas polegadas de espessura foi mantida uniforme em todos os tratamentos com cobertura orgânica. Na altura da plantação, foram feitos pequenos buracos circulares na cobertura de polietileno, com um espaçamento de 30 cm x 30 cm.

3.6.3 Plantação

Os bolbos de tuberosa saudáveis e sem doenças (3,0-3,5 cm de diâmetro) da variedade 'Suvasini' foram plantados manualmente em canteiros elevados com o espaçamento recomendado, *ou seja,* 30 cm x 30 cm.

3.6.4 Cuidados posteriores

A dose recomendada de nitrogénio, fósforo e potássio foi de 200:200:200 kg ha^{-1} . A dose de fertilizante de nitrogénio, fósforo e potássio foi aplicada através de ureia, superfosfato simples (SSP) e muriato de potássio (MOP), respetivamente. Os 50% de azoto e os 100% de fósforo e potássio do FTR foram aplicados no momento da plantação e a quantidade restante de azoto foi aplicada em duas parcelas aos 30 e 60 dias após a plantação. Imediatamente após a plantação, foi aplicada uma ligeira irrigação no campo para manter um nível uniforme de humidade. O campo foi irrigado inicialmente de forma judiciosa até à germinação do bolbo. Após a germinação do bolbo, a irrigação foi efectuada duas vezes por semana durante o verão e uma vez no inverno, enquanto que durante a estação das chuvas dependia das condições meteorológicas prevalecentes. Foram tomadas medidas fitossanitárias atempadas para controlar os insectos-praga e as doenças da cultura da tuberosa durante o período de crescimento, sempre que necessário.

3.7 RECOLHA DE DADOS EXPERIMENTAIS

3.7.1 Seleção das plantas da amostra

Foram selecionadas aleatoriamente cinco plantas em cada parcela de rede, que foram marcadas para registar as seguintes observações e os seus valores médios foram calculados.

3.7.2 Observações registadas

No decurso do inquérito, foram registadas as seguintes observações. Os procedimentos adoptados são descritos a seguir, em função dos parâmetros.

ATRIBUTOS DE CRESCIMENTO

3.7.2.1 Altura da planta (cm)

A altura da planta foi medida do nível do solo até a ponta de crescimento aos 45 e 90 dias após o plantio e a média foi calculada e expressa em centímetros.

3.7.2.2 Número de folhas por tufo

O número total de folhas por touceira foi contado em plantas selecionadas aos 45 e 90 dias após a plantação. Finalmente, foi contado um número médio de folhas por touceira em diferentes fases de crescimento da planta.

PARÂMETROS DE FLORAÇÃO

3.7.2.3 Dias necessários para o aparecimento da primeira espiga

O número de dias necessários para o aparecimento da espiga a partir da data de plantação dos bolbos foi registado a partir de plantas etiquetadas e a média foi calculada e expressa em dias.

3.7.2.4 Dias necessários para a abertura da primeira floreta

O número de dias necessários desde a data de plantação dos bolbos até à abertura da primeira flor basal foi contado nas plantas marcadas e expresso em dias.

3.7.2.5 Longevidade da espiga intacta (dias)

A longevidade da espiga intacta foi registada como o tempo decorrido em dias desde o início da abertura da flor até à última flor murcha na espiga.

3.7.2.6 Duração da floração (dias)

A duração da floração foi calculada a partir da data da emergência da primeira espiga até à data da colheita final da espiga e expressa em dias.

PARÂMETROS DE RENDIMENTO

3.7.2.7 Número de floretes por espiga

O número total de floretes produzidos numa espiga foi contado a partir de plantas marcadas e foi calculada a média.

3.7.2.8 Peso da espiga (g)

O peso das espigas comercializáveis colhidas das plantas marcadas foi medido com a ajuda de uma balança eletrónica e expresso em gramas, tendo sido calculado o peso médio das espigas.

3.7.2.9 Peso de 100 floretes (g)

O peso de 100 floretes totalmente abertos e comercializáveis, colhidos em espigas de plantas marcadas, foi medido com a ajuda de uma balança eletrónica e expresso em gramas, tendo sido calculado o peso médio de 100 floretes.

3.7.2.10 Rendimento de espigas por parcela (número)

O número de espigas comercializáveis, que foram colhidas de vez em quando em cada parcela, foi somado e o número total de espigas por parcela foi registado.

3.7.2.11 Rendimento de espigas por hectare (número)

O número de espigas comercializáveis, que foram colhidas periodicamente das plantas das parcelas em rede, foi somado e calculado o número total de espigas por hectare para cada tratamento.

3.7.2.12 Rendimento de floretes por parcela (kg)

A produção de floretes por parcela foi registada com uma balança digital durante as diferentes colheitas de cada parcela e somada e expressa em quilogramas.

3.7.2.13 Rendimento de floretes por hectare (t)

A produção de floretes em diferentes colheitas de cada parcela foi calculada por metro quadrado e multiplicada por 10000 m^2 e a produção total por hectare para cada tratamento foi calculada e expressa em toneladas.

3.7.2.14 Número de colheitas de espigas

O número de colheitas de espigas foi contado desde a primeira colheita de espigas até à última colheita.

3.7.2.15 Número de bolbos por tufo

O número de bolbos obtidos das plantas marcadas foi somado e o número médio de bolbos por touceira foi calculado.

3.7.2.16 Número de bolbos por parcela

O número de bolbos, que foram levantados de cada parcela após a colheita final, foi somado e o número total de bolbos por parcela foi registado. **3.7.2.17 Número de bolbos por hectare**
O número de bolbos, que os bolbos foram levantados das plantas das parcelas em rede, foi somado e calculado o número total de bolbos por hectare para cada tratamento.

PARÂMETROS DE QUALIDADE

3.7.2.18 Comprimento da espiga (cm)

Foram selecionadas aleatoriamente três espigas de plantas marcadas. O comprimento de cada espiga, desde a base até à ponta da espiga, foi medido com uma escala de medição e a média foi calculada e expressa em centímetros.

3.7.2.19 Comprimento do ráquis (cm)

Foram selecionadas aleatoriamente três ráquis de plantas marcadas e o comprimento de cada ráquis, desde o florete basal até à ponta do florete mais alto, foi medido com uma escala de medição e o valor médio foi calculado e expresso em centímetros.

3.7.2.20 Duração do vaso (dias)

A vida de vaso da espiga foi expressa como o número de dias desde a colheita até ao momento em que deixou de estar apta para ser utilizada. O primeiro par de espigas com flores totalmente abertas foi selecionado aleatoriamente em cada tratamento e colhido. Imediatamente após a colheita, as espigas cortadas foram mergulhadas com as extremidades cortadas na água do balde. Estas espigas foram levadas para o laboratório e foram recortadas e colocadas num frasco cónico de 500 ml contendo água da torneira.

3.7.3 PARÂMETROS DO SOLO

Amostras compostas de solo (0-30 cm de profundidade) foram recolhidas do campo experimental antes do início da experiência e analisadas quanto à textura do solo, pH, CE, CO e N disponível, P_2O_5 e K_2O, utilizando o procedimento padrão. Além disso, amostras individuais de solo de cada parcela de tratamento após a colheita final também foram coletadas e analisadas para OC, N disponível, P_2O_5 e K_2O.

Análise do solo para carbono orgânico (%)

Reagentes:

1. Conc. Ácido sulfúrico (H_2SO_4)
2. Padrão 1,0 N $K_2Cr_2O_7$
3. 0,5 N Sulfato ferroso de amónio [$Fe(NH_4)_2(SO_4).6H_2O$]
4. Indicador de ferroina

Procedimento:

1. Pesar 1,0 g de amostra de solo e transferir para um erlenmeyer de 500 ml.
2. Adicionar 10 ml de K2Cr2O7 1,0 N com uma pipeta.
3. Adicionar 20 ml de H2SO4 concentrado e agitar suavemente durante um minuto.
4. Deixar atuar durante 30 minutos. De seguida, adicionar 200 ml de água para obter uma suspensão mais clara para visualizar o ponto final.
5. Adicionar 3-4 gotas de indicador de ferroína.
6. Titular com solução de FAS 0,5 N (fornecida pela bureta) até que a cor mude de castanho-verde-azul para vermelho.
7. É efectuado simultaneamente um ensaio em branco sem amostra.
8. Anotar as leituras e calcular a percentagem de carbono orgânico.

Cálculo: % de carbono orgânico $= \frac{10(S-B)}{B} \times 0.03 \times \frac{100}{W}$

Onde,

S: Amostra de leitura

8: Leitura em branco

W: Peso do solo

Análise do solo para o azoto disponível (kg ha^{-1}) (método alcalino KMnO4) Reagentes

1. Solução 0,1 N de H2SO4
2. Solução de 0,32% de KMnO4
3. Solução de NaOH a 2,5
4. Indicador misto
5. Ácido bórico (4 %)

6.   Parafina líquida

Procedimento:

1.   Transferir 20 g de terra para um balão de destilação de 800 ml.

2.   Humedecer a terra com água destilada; lavar a terra aderente ao gargalo do frasco, caso exista.

3.   Adicionar 100 ml de solução de KMnO4 a 0,32%.

4.   Juntar agora algumas contas de vidro e 2-3 ml de líquido de parafina.

5.   Juntar 100 ml de solução de NaOH a 2,5% e adaptar imediatamente o aparelho de destilação.

6.   Medir 25 ml de ácido bórico a 4% contendo indicador misto num erlenmeyer de 250 ml e colocá-lo sob o tubo recetor. Mergulhar a extremidade do tubo recetor no ácido bórico.

7.   Ligar o aquecedor e continuar a destilação até se recolherem cerca de 150 ml de destilado.

8.   Retirar primeiro o copo que contém o destilado e, em seguida, desligar o aquecedor para evitar a sucção de retorno.

9.   Executar um espaço em branco sem solo.

10.   Titular o destilado com H2SO4 0,1 N padrão até ao ponto final de coloração rosa.

Cálculo: $\text{N disponível (kg ha}^{-1}) = \dfrac{(S-B) \times 0.014 \times N\ of\ H2SO4 \times 22,40,000}{20}$

Onde,

S: Amostra de leitura

8:   Leitura em branco

N do H2SO4: Normalidade do H2SO4

Análise do solo para o fósforo disponível (kg ha^{-1}) (método de Olsen)

Reagentes:

1.   Reagente de Olsen (0,5 M)

2.   Carvão ativado

3.   Reagente de molibdato (1,5 %)

4.   Solução de cloreto estanoso (solução-mãe)

5.   Solução de cloreto estanoso (solução de trabalho)

Procedimento:

1.   Adicionar 50 ml do reagente de Olsen ao erlenmeyer de 100 ml que contém 2,5 g de amostra de solo.

2.   Adicionar 1 g de Darco-G-60 e agitar a suspensão durante 30 minutos num agitador mecânico.

3.   Filtrar a solução com papel de filtro Whatman n.º 40.

4.   Introduzir 5 ml do extrato filtrado com uma pipeta num balão volumétrico de 25 ml, adicionar 5 ml do reagente de molibdénio com uma pipeta, diluir até cerca de 20 ml com água destilada, agitar e adicionar 1 ml de solução de trabalho de SnCl2 com uma pipeta e agitar bem.

5.   Completar o volume para 25 ml adicionando água destilada e agitar bem a solução.

6.   Ler a cor azul após 10 minutos no espetrofotómetro, a 660 nm de comprimento de onda, depois de colocar o instrumento no filtro vermelho e colocar em zero com a preparação em branco de forma semelhante, mas sem o solo.

Cálculo: P disponível (kg ha-1) = 2,24 x ppm P

Análise do solo para o potássio disponível (kg ha^{-1}) no solo
Reagentes:
1. Solução de acetato de amónio (1,0 N)
2. Solução-mãe padrão (1000 mg K/L)
3. Norma de trabalho

Procedimento:
1. Colocar 5 g de terra num erlenmeyer de 150 ml ou numa garrafa de plástico.
2. Adicionar 25 ml de solução neutra de acetato de amónio 1 N e agitar durante 30 minutos no agitador mecânico.
3. Filtrar o conteúdo com papel de filtro Whatman n.º 1.
4. Ligar o compressor e acender o queimador do fotómetro de chama. Ajustar a pressão do gás e do ar de modo a obter cones de chama azuis e nítidos.
5. Colocar o fotómetro de chama em leitura zero, atomizando água destilada.
6. Introduzir uma solução-padrão de K a 100 ppm e ajustar o fotómetro de chama para uma leitura de 100.
7. Introduzir agora, uma a uma, diferentes soluções-padrão (*isto é,* 10, 20, 30, 40, 50, 60, 70, 80 e 90 ppm K) e anotar a leitura de cada uma.
8. Introduzir o filtrado no fotómetro de chama e anotar a leitura.
9. Traçar uma curva-padrão entre a concentração e a leitura de soluções-padrão de K.
10. Determinar a concentração da amostra desconhecida através do ajuste da curva padrão.

Cálculo: K2O disponível (kg ha^{-1}) = ppm K2O x 2,24

3.8 ANÁLISE ESTATÍSTICA

Os dados registados para vários parâmetros durante o curso da investigação foram analisados estatisticamente por um procedimento adequado à conceção da experiência, tal como descrito por Panse e Sukhatme (1985). A significância da diferença foi testada pelo teste "F" a um nível de 5 por cento. A diferença crítica foi calculada quando a diferença entre os tratamentos foi considerada significativa no teste "F". Nos restantes casos, apenas foi calculado o erro padrão da média. A percentagem do coeficiente de variação também foi calculada e é apresentada nos locais apropriados da respectiva tabela. O modelo estatístico e a tabela ANOVA para o projeto experimental são os seguintes

Modelo estatístico:

$$Y_{ij} = \mu + R_i + T_j + E_{ij}$$

Y_{ij} = Resposta devida ao tratamento j^{th} aplicado a ith replicação

μ = Média geral

R_i = Efeito da i^{th} replicação (i = 1,2, r)

T_j = Efeito do tratamento j^{th} (j = 1,2, t)

E_{ij} = Erro experimental devido a jth tratamento aplicado a ith replicação

TABELA ANOVA

Fontes de variação	Grau de liberdade	Soma dos quadrados	Soma média dos quadrados	Cal. Valor "F"	Quadro "F" valor	
					0.05	0.01
Replicações	(r-1) = 2	SSR	MSR	MSR/MSE	-	-
Tratamentos	(t-1) = 7	SST	MST	MST/MSE	-	-
Erro	(r-1) (t-1) = 14	SSE	MSE	-	-	-
Total	(rt-1) = 23	SSTo	-	-	-	-

Onde,

    SSR=Soma   dos quadrados para replicação
    SST=Soma   dos quadrados para o tratamento
    SSE=Soma   dos quadrados do erro
    SSTo=Soma total   dos quadrados
    MSR=Soma média   dos quadrados devido à   replicação
    MST=Soma média   dos quadrados devida ao   tratamento
    MSE=Soma média   dos quadrados devido ao   erro

O erro padrão da média (S.Em.±), a diferença crítica (C.D.) e o coeficiente de variação percentual (C.V.%) foram calculados da seguinte forma

$$S.Em.\pm = \sqrt{EMS/r}$$

C. D. = S.Em x V2 x tabela para.05 com erro graus de liberdade

C.V. % = [(MSE)$^{0.5}$ / Média] X 100

r = Número de replicações

Aqui, S.Em. = Erro padrão da média

D.C. = Diferença crítica

C.V. = Coeficiente de variação

r = Número de replicações

t0.05 = Valor de tabela de "t" com grau de liberdade de erro

3.9 ECONOMIA

Depois de tomar em consideração os factores de produção fixos e variáveis e as taxas correspondentes, calculou-se o custo incorrido em cada tratamento. A realização bruta em termos de rupias por hectare foi calculada para cada tratamento com base no preço de mercado prevalecente da tuberosa em cada tratamento durante a experimentação. O rácio custo/benefício foi calculado para cada tratamento com base na fórmula seguinte.

$$B{:}C\ ratio = \frac{Gross\ realisation\ (₹\ ha^{-1})}{Total\ cost\ of\ cultivation\ (₹\ ha^{-1})}$$

$$Rácio\ B{:}C = \frac{Realização\ bruta\ (?\ ha\text{-}1)}{Custo\ total\ da\ cultura\ (?\ ha\text{-}1)}$$

IV RESULTADOS E DISCUSSÃO

Este capítulo incorpora os resultados da investigação de campo intitulada **Efeito de diferentes coberturas vegetais no crescimento, rendimento e qualidade da tuberosa (*Polianthes tuberosa* L.) var. Suvasini**, realizada na College Farm, College of Horticulture, Sardarkrushinagar Dantiwada Agricultural University, Jagudan (Mehsana) durante abril de 2022 a fevereiro de 2023. O crescimento e o desenvolvimento da tuberosa, para além da sua composição genética, são regidos por factores ambientais da região de cultivo e por várias práticas de gestão. Entre as várias práticas de gestão, a cobertura morta é uma das práticas culturais importantes que ajuda a conservar a água e o solo, a aumentar a temperatura do solo, a controlar as ervas daninhas e a melhorar as propriedades químicas e físicas do solo, aumentando assim a produtividade da cultura. A cobertura vegetal orgânica acrescenta matéria orgânica e aumenta a atividade biológica do solo. Assim, cria um microclima muito favorável ao crescimento e desenvolvimento das plantas cultivadas. Os dados relativos a várias observações foram sistematicamente tabulados e são descritos de forma concisa neste capítulo. Os pormenores da análise estatística da variância são apresentados nos Apêndices A a AA para referência. Os resultados são também representados graficamente, sempre que necessário para uma melhor compreensão, e discutidos em termos de caraterísticas nas seguintes sub-rubricas.

4.1 Caracteres de crescimento

4.2 Atributos da floração

4.3 Parâmetros de rendimento

4.4 Atributos de qualidade

4.5 Análise do solo

4.6 Economia

4.1 CARACTERES DE CRESCIMENTO

4.1. 1Altura da planta   (cm)

Os dados sobre a observação periódica da altura da planta (cm) medida aos 45th e 90th dias após o plantio, influenciada por várias coberturas, são apresentados na Tabela 4.1 e representados na Figura 4.1. A análise de variância para a altura da planta é apresentada nos Apêndices A e B.

Altura da planta aos 45 dias após a plantação

A altura média da planta da tuberosa, influenciada por diferentes materiais de cobertura morta aos 45 dias após a plantação, mostrou uma variação significativa em relação ao controlo. A altura máxima da planta (23,17 cm) foi registada com T7 (cobertura de palha de funcho), seguida de perto por T8 (22,13 cm) e T2 (21,52 cm), enquanto a altura mínima da planta (18,57 cm) foi registada com o tratamento T1.

Altura da planta aos 90 dias após a plantação

A altura da planta da tuberosa diferiu significativamente devido às várias coberturas aos 90 dias após a plantação (Quadro 4.1). A altura máxima da planta (52,67 cm) foi registada em T8 (cobertura de palha de semente de bispo), que está a par com T7 (50,70 cm) e T2 (48,33 cm) e foi mínima em T1 (41,80 cm). A possível razão para a maior altura das plantas nestes tratamentos pode ser devida a uma melhor disponibilidade de humidade, proporcionando assim condições de crescimento favoráveis para as plantas. Além disso, o mulch de palha de semente de bispo e o mulch de palha de funcho podem libertar nutrientes para as plantas mais cedo e acrescentar carbono orgânico por decomposição, acrescentando ainda matéria orgânica ao solo, o que ajuda a evitar a compactação do solo e melhora o arejamento, o que é benéfico para estimular o crescimento das raízes. Estas conclusões estão em conformidade com as de Prakash *et al.* (2011), Amin *et al.* (2015) e Mridul e Choudhury (2017) em tuberosa; Younis *et al.* (2012) em *frésia*; Sarmah *et al.* (2014) em gerbera; Malshe *et al.* (2017), Kusuma e Thaneshwari (2021), Sikarwar *et al.* (2021) e Wagan *et al.* (2022) em calêndula; Sanas *et al.* (2018) e Vamaja *et al.* (2021) em crisântemo; Annasamy *et al.* (2020) em nerium; Baladha *et al.* (2020) em gladíolo; Kazemi e Jozay (2020) em gaillardia; Parmar *et al.* (2020) em cravo; Jadhav *et al.* (2018), Thakur *et al.* (2019a) e Singh e Thakur (2022) em rosa.

Quadro 4.1: Efeito de diferentes coberturas vegetais na altura das plantas (cm)

Tratamentos	Altura da planta (cm)	
	45 DAP	**90 DAP**
T1: Sem cobertura vegetal (controlo)	18.57	41.80
T2: Cobertura vegetal de polietileno preto (50 ц)	21.52	48.33
T3: Cobertura de polietileno preto-prateado (50 ц)	18.63	44.33
T4: Cobertura de polietileno vermelho - preto (50 ц)	18.23	44.07
T5: Cobertura morta de palha de mostarda (camada de 2" de espessura)	18.47	42.53
T6: Cobertura morta de casca de rícino (camada de 2" de espessura)	18.50	43.07
T7 : Cobertura morta de palha de funcho (camada de 2" de espessura)	23.17	50.70
T8: Semente de bispo (*Ajwain*) palha de cobertura morta (camada de 2" de espessura)	22.13	52.67
S.Em±	0.84	2.45
C. D. (P=0,05)	2.54	7.43
C.V. (%)	7.28	9.24

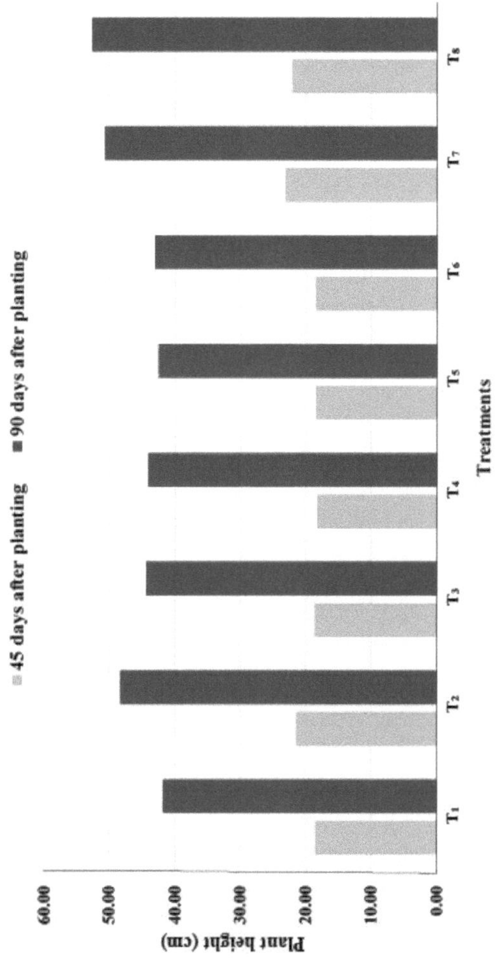

Fig. 4.1: Efeito de diferentes coberturas na altura da planta (cm) aos 45 e 90 dias após a plantação

4.1.2 Número de folhas por tufo

Os dados calculados para o número de folhas por touceira, influenciados por vários tratamentos em diferentes estágios de crescimento, *ou seja,* 45 e 90 dias após o plantio, são apresentados nas Tabelas 4.2 e representados graficamente na Figura 4.2. A análise de variância para o número de folhas por touceira aos 45 e 90 dias após a plantação é apresentada nos Apêndices C e D.

Número de folhas por tufo aos 45 dias após a plantação

Os dados referentes ao número de folhas por touceira, influenciados por diferentes coberturas, mostraram variação estatística no estágio de crescimento de 45 DAP (Tabela 4.2). O número máximo (18,40) e mínimo (12,40) de folhas por touceira foi registado com T7 e T1, respetivamente. O tratamento T7 estava a par com T8 (17,33) e T2 (17,07).

Quadro 4.2: Efeito de diferentes coberturas vegetais no número de folhas por tufo

Tratamentos	Número de folhas do tufo^{-1}	
	45 DAP	**90 DAP**
T1: Sem cobertura vegetal (controlo)	12.40	40.87
T2: Cobertura vegetal de polietileno preto (50 ц)	17.07	57.87
T3: Cobertura de polietileno preto-prateado (50 ц)	15.20	46.13
T4: Cobertura de polietileno vermelho - preto (50 ц)	14.07	45.40
T5: Cobertura morta de palha de mostarda (camada de 2" de espessura)	13.80	42.47
T6: Cobertura vegetal de casca de rícino (camada de 2" de espessura)	16.40	52.93
T7: Cobertura morta de palha de funcho (camada de 2" de espessura)	18.40	58.13
T8 : Semente de bispo (*Ajwain*) palha de cobertura morta (camada de 2" de espessura)	17.33	62.70
S.Em±	0.57	2.99
C. D. (P=0,05)	1.74	9.07
C.V. (%)	6.37	10.19

Número de folhas por touceira aos 90 dias após a plantação

Uma leitura dos dados apresentados no Quadro 4.2 revela que a influência de várias coberturas no número de folhas por tufo foi significativa aos 90 dias após a plantação. O número máximo de folhas (62,70 touceira^{-1}) foi obtido com a aplicação de cobertura de palha de semente de bispo (T8), que está a par com T7 (58,13 touceira^{-1}) e T2 (57,87 touceira^{-1}). O número mínimo de folhas (40,87 touceiras^{-1}) foi observado no tratamento T1 (sem cobertura morta). O aumento do número de folhas pode ser devido à menor competição das plantas com as ervas daninhas pela luz, nutrientes e humidade do solo, o que resultou numa turgescência total das células, eventualmente numa maior atividade meristemática e numa melhor disponibilidade de macro e micronutrientes, o que leva a um maior desenvolvimento da folhagem devido a uma maior taxa fotossintética e, consequentemente, a um crescimento vegetativo luxuriante (Soujanya *et al.*, 2022). Variações semelhantes devidas à aplicação de coberturas vegetais foram anteriormente comunicadas por Amin *et al.* (2015) e Mridul e Choudhury (2017) em tuberosa; Kabir *et al.* (2007) em cravo; Sarmah *et al.* (2014) em gerbera; Sardar *et al.* (2016) em rosa; Baladha *et al.* (2020) em gladíolo e Sikarwar *et al.*

(2021) e Wagan *et al.* (2022) em calêndula.

4.2 ATRIBUTOS DE FLORAÇÃO

4.2.1 Dias necessários para o aparecimento da primeira espiga

Os dados médios relativos aos dias necessários para a emergência da primeira espiga são apresentados na Tabela 4.3 e ilustrados graficamente na Figura 4.3. A análise de variância dos dias necessários para a emergência da primeira espiga é apresentada no Apêndice E.

Tabela 4.3: Efeito de diferentes coberturas vegetais nos dias necessários para a emergência do primeiro

espiga e abertura do primeiro florete

Tratamentos	Aparecimento da primeira espiga (DAP)	Abertura da primeira floreta (DAP)
T1: Sem cobertura vegetal (controlo)	131.33	154.27
T2: Cobertura vegetal de polietileno preto (50 ц)	118.40	141.27
T3: Cobertura de polietileno preto-prateado (50 ц)	122.40	144.47
T4: Cobertura de polietileno vermelho - preto (50 ц)	126.07	148.67
T5: Cobertura morta de palha de mostarda (camada de 2" de espessura)	123.73	145.87
T6: Cobertura vegetal de casca de rícino (camada de 2" de espessura)	127.60	149.13
T7 : Cobertura morta de palha de funcho (camada de 2" de espessura)	111.53	131.60
T8 : Semente de bispo (*Ajwain*) palha de cobertura morta (camada de 2" de espessura)	106.53	125.40
S.Em±	4.95	5.76
C. D. (P=0,05)	15.01	17.48
C.V. (%)	7.09	7.00

Foi observada uma diferença significativa entre os tratamentos de cobertura vegetal para o

dias levados para a emergência da primeira espiga (Tabela 4.3). O tratamento T8, *ou seja,* cobertura morta de palha de semente de bispo, levou um número mínimo de dias para a emergência da primeira espiga (106,53 DAP), que foi igual ao T7 e T2 (111,53 DAP e 118,40 DAP, respetivamente), enquanto que foi máximo (131,33 DAP) com o tratamento T1 (sem cobertura morta). A emergência precoce da espiga é uma caraterística desejável porque resulta no fornecimento precoce das flores cortadas no mercado sem muita concorrência e, consequentemente, a comercialização da cultura é mais rentável para os produtores. Isto pode ser atribuído à emergência precoce da espiga devido ao melhor crescimento da cultura, bem como ao efeito de aquecimento do solo

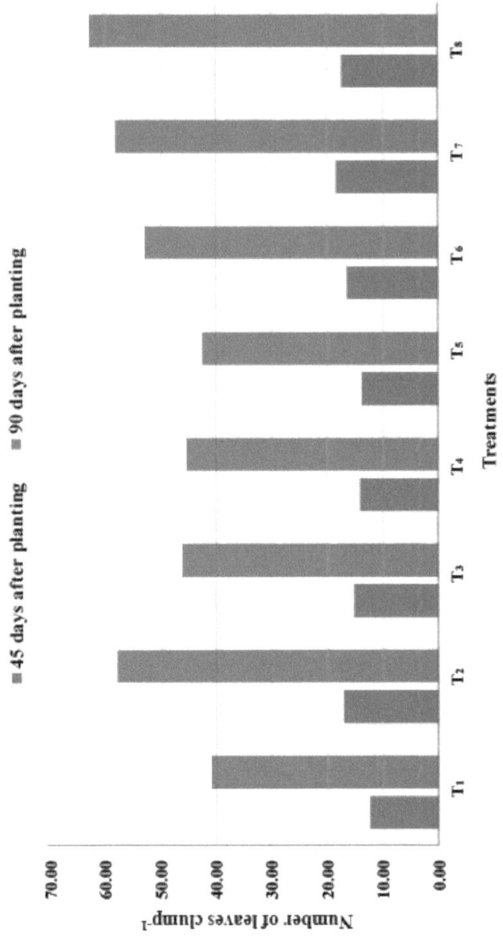

Fig. 4.2: Efeito de diferentes coberturas vegetais no número de folhas por touceira aos 45 e 90 dias após a plantação

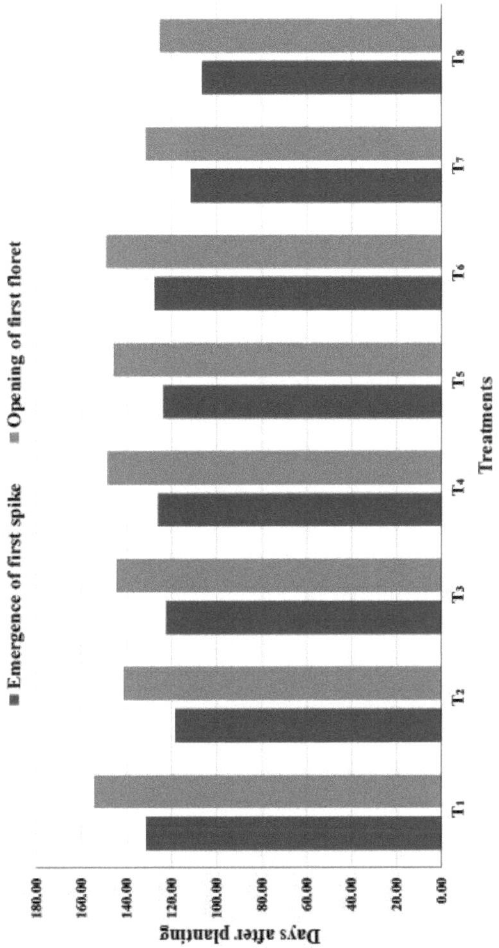

Fig. 4.3: Efeito de diferentes coberturas vegetais nos dias necessários para a emergência da primeira espiga e a abertura do primeiro florete

37

através da utilização de cobertura vegetal e da retenção óptima da humidade. Prakash *et al.* (2011) também notaram um aparecimento mais precoce de espigas de tuberosa devido à melhoria das caraterísticas do solo, *ou seja,* carbono orgânico e azoto, através da cobertura vegetal orgânica. Estas conclusões estão em estreita conformidade com as de Amin *et al.* (2015) e Mridul e Choudhury (2017) em tuberosa; Bohra *et al.* (2016) em rosa; Bajad *et al.* (2017) em áster da China; Annasamy *et al.* (2020) em nério e Shinde *et al.* (2021) em calêndula.

4.2.2 Dias necessários para a abertura da primeira flor

Os dados relativos à abertura das primeiras flores são apresentados no Quadro 4.3, ilustrados graficamente na Figura 4.3 e a análise de variância é apresentada no Apêndice F. Os dados apresentados na Tabela 4.3 mostram uma influência significativa entre as coberturas para os dias necessários para a abertura da primeira flor. A abertura mais precoce do primeiro florete foi observada com T8 (125,40 DAP) seguido por T7 (131,60 DAP) e T2 (141,27 DAP). As plantas sob o tratamento T1 levaram o máximo de dias para a abertura do primeiro florete (154,27 DAP) seguido pelo tratamento T6 (149,13 DAP). Isto pode ser atribuído ao facto de as coberturas vegetais regularem a temperatura e o nível de humidade do solo e aumentarem a disponibilidade de nutrientes, proporcionando condições óptimas para melhores actividades microbianas, o que levou a uma maturação precoce da planta. Estes resultados estão de acordo com os resultados de Prakash *et al.* (2011) e Mridul e Choudhury (2017) em tuberosa e Annasamy *et al.* (2020) em nério.

4.2.3 Longevidade da espiga intacta (dias)

Os dados apresentados no Quadro 4.4, representados graficamente na Figura 4.4 e a análise de variância para a longevidade da espiga intacta são apresentados no Apêndice G, indicando que a longevidade da espiga intacta foi significativamente influenciada por diferentes coberturas orgânicas e inorgânicas.

Quadro 4.4: Efeito de diferentes coberturas vegetais na longevidade da ini pico de tato (dias)

Tratamentos	Longevidade da espiga intacta (dias)
T1: Sem cobertura vegetal (controlo)	15.80
T2: Cobertura vegetal de polietileno preto (50 ц)	19.27
T3: Cobertura de polietileno preto-prateado (50 ц)	18.07
T4: Cobertura morta de polietileno vermelho - preto (50 ц)	17.47
T5: Cobertura de palha de mostarda (camada de 2" de espessura)	16.80
T6: Cobertura morta de casca de rícino (camada de 2" de espessura)	17.67
T7 : Cobertura morta de palha de funcho (camada de 2" de espessura)	19.87
T8: Semente de bispo (*Ajwain*) palha de cobertura morta (camada de 2" de espessura)	20.60
S.Em±	0.82
C. D. (P=0,05)	2.48
C.V. (%)	7.78

A longevidade máxima (20,60 dias) foi obtida sob cobertura de palha de sementes de bispo, sendo estatisticamente igual à cobertura de palha de funcho (19,87 dias) e cobertura de polietileno preto (19,27 dias). Os resultados estão em conformidade com as conclusões de Bohra *et al.* (2016) em rosa.

4.2.4 Duração da floração (dias)

Os dados relativos à duração da floração influenciada por vários materiais de cobertura vegetal são apresentados no Quadro 4.5 e representados graficamente na Figura 4.4. A análise de variância para a duração da floração é apresentada no Apêndice H.

Os resultados revelam que as diferenças na duração da floração devido às coberturas foram significativas. A duração máxima da floração (181,13 dias) foi obtida sob a cobertura de palha de semente de bispo, sendo estatisticamente igual a T2 (178,93 dias), T7 (173,53 dias) e T6 (168,87 dias). A duração mínima da floração no T1 (154,33 dias), que não difere estatisticamente do tratamento T6 (158,67 dias) e T4 (159,67 dias). O espalhamento de coberturas vegetais pode contribuir para melhorar as propriedades físicas, químicas e biológicas do solo, optimizando a temperatura e a humidade do solo e acelerando a decomposição da matéria orgânica no solo, resultando numa maior disponibilidade e absorção de nutrientes, como refletido através do aumento da fotossíntese para a estrutura reprodutiva, o que aumenta a floração (Vamaja *et al.*, 2021). Observações semelhantes foram também registadas por Kumar *et al.* (2010), Bohra *et al.* (2016), Singh e Thakur (2022) em rosa; Bajad *et al.* (2017) em áster da China; Parmar *et al.* (2020) em cravo; Shinde *et al.* (2021), Wagan *et al.* (2022) em calêndula e Vamaja *et al.* (2021) em crisântemo.

Quadro 4.5: Efeito de diferentes coberturas vegetais na duração da floração (dias)

Tratamentos	Duração da floração (dias)
T1: Sem cobertura vegetal (controlo)	154.33
T2: Cobertura vegetal de polietileno preto (50 ц)	178.93
T3: Cobertura de polietileno preto-prateado (50 ц)	162.47
T4: Cobertura morta de polietileno vermelho - preto (50 ц)	159.67
T5: Cobertura morta de palha de mostarda (camada de 2" de espessura)	158.67
T6: Cobertura vegetal de casca de rícino (camada de 2" de espessura)	168.87
T7 : Cobertura morta de palha de funcho (camada de 2" de espessura)	173.53
T8: Semente de bispo (*Ajwain*) palha de cobertura morta (camada de 2" de espessura)	181.13
S.Em±	5.93
C. D. (P=0,05)	17.99
C.V. (%)	6.14

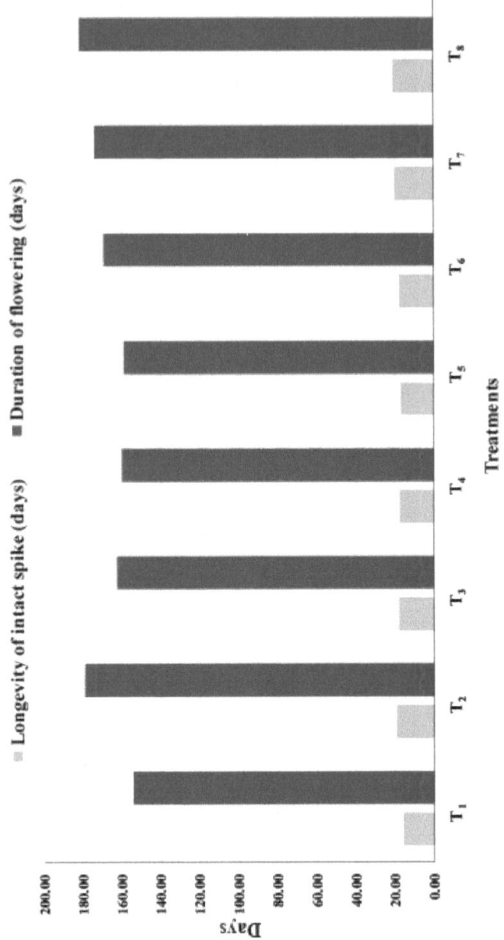

Fig. 4.4: Efeito de diferentes coberturas vegetais na longevidade da espiga intacta (dias) e na duração da floração (dias)

4.3 PARÂMETROS DE RENDIMENTO
4.3.1 Número de floretes por espiga
Os dados médios relativos ao número de floretes por espiga, influenciados pelos vários tratamentos, são apresentados no quadro 4.6 e ilustrados graficamente na figura 4.5. A análise de variância do número de floretes por espiga é apresentada no apêndice I.

Tabela 4.6: Efeito de diferentes coberturas vegetais no número de floretes por espiga

Tratamentos	Número de floretes em espiga^{-1}
T1: Sem cobertura vegetal (controlo)	47.80
T2: Cobertura vegetal de polietileno preto (50 ц)	52.67
T3: Cobertura de polietileno preto-prateado (50 ц)	48.80
T4: Cobertura morta de polietileno vermelho - preto (50 ц)	48.83
T5: Cobertura morta de palha de mostarda (camada de 2" de espessura)	48.29
T6: Cobertura vegetal de casca de rícino (camada de 2" de espessura)	49.13
T7 : Cobertura morta de palha de funcho (camada de 2" de espessura)	51.63
T8: Semente de bispo (*Ajwain*) palha de cobertura morta (camada de 2" de espessura)	52.80
S.Em±	1.17
C. D. (P=0,05)	3.56
C.V. (%)	4.06

Várias coberturas tiveram influência significativa no número de florzinhas por espiga. O número máximo de floretes por espiga (52,80) foi encontrado em T8 (cobertura morta de palha de semente de bispo), que estava a par com os tratamentos T2 (52,67) e T7 (51,63), enquanto foi mínimo (47,80) no tratamento T1. Isso pode ser devido à melhoria do microclima abaixo e acima da superfície do solo, o que levou ao aumento da atividade microbiana no solo que melhora a disponibilidade e absorção de nutrientes pelas plantas, consequentemente, promove o crescimento e desenvolvimento da planta em termos vegetativos e reprodutivos, em última análise, aumentou o número de florzinhas (Soujanya *et al.*, 2022). Resultados semelhantes foram comunicados anteriormente por Prakash *et al.* (2011), Amin *et al.* (2015), Mridul e Choudhury (2017) e Vaid *et al.* (2019) em tuberosa e Younis *et al.* (2012) em *frésia*.

4.3.2 Peso da espiga (g)
Os dados relativos ao peso médio da espiga (g) são apresentados no quadro 4.7, representados graficamente na figura 4.6 e a análise de variância é apresentada no apêndice J.

O peso da espiga de tuberosa foi mais alto em T8 (155,50 g), sendo igual a T2 (152,87 g) e T7 (149,00 g) e diferiu estatisticamente dos demais tratamentos.

(O peso mais baixo de espiga foi registado em T1 (140,67), que estava a par com os tratamentos T4 (145,70 g) e T5 (145,57 g)). O peso mais elevado com o tratamento de cobertura vegetal pode dever-se a uma melhor regulação da temperatura do solo e a um nível ótimo de humidade do solo. Além disso, a cobertura morta de palha de semente de bispo e de palha de funcho pode ter aumentado a absorção de nutrientes pela planta, o que resultou num crescimento mais vigoroso da planta e na produção de mais fotossintatos, que foram produzidos em excesso das suas necessidades, que são translocados para o sumidouro, *ou seja*, a espiga em desenvolvimento, resultando assim num maior peso da espiga. Essas descobertas estão de acordo com o trabalho de Mridul e Choudhury (2017) e Vaid *et al.* (2019) em tuberosa.

Tabela 4.7: Efeito de diferentes coberturas no peso da espiga (g)

Tratamentos	Peso da espiga (g)
T_1: Sem cobertura vegetal (controlo)	140.67
T_2: Cobertura vegetal de polietileno preto (50 ц)	152.87
T_3: Cobertura de polietileno preto prateado (50 ц)	146.23
T_4: Cobertura morta de polietileno vermelho - preto (50 ц)	145.70
T_5: Cobertura morta de palha de mostarda (camada de 2" de espessura)	145.57
T6: Cobertura vegetal de casca de rícino (camada de 2" de espessura)	146.60
T7 : Cobertura morta de palha de funcho (camada de 2" de espessura)	149.00
T_8: Semente de bispo (*Ajwain*) palha de cobertura morta (camada de 2" de espessura)	155.50
S.Em±	2.31
C. D. (P=0,05)	6.99
C.V. (%)	2.70

4.3.3 Peso de 100 floretes (g)

Durante a experimentação, a aplicação de mulching exerceu influência insignificante no peso de 100 floretes (g) (quadro 4.8 e apêndice K).

Quadro 4.8: Efeito de diferentes coberturas vegetais no peso de 100 floretes (g)

Tratamentos	Peso de 100 floretes (g)
T_1: Sem cobertura vegetal (controlo)	232.22
T_2: Cobertura vegetal de polietileno preto (50 ц)	236.11
T_3: Cobertura de polietileno preto prateado (50 ц)	232.26
T_4: Cobertura de polietileno vermelho - preto (50 ц)	232.96
T5: Cobertura morta de palha de mostarda (camada de 2" de espessura)	234.40
T6: Cobertura vegetal de casca de rícino (camada de 2" de espessura)	233.08
T7 : Cobertura morta de palha de funcho (camada de 2" de espessura)	237.27
T_8: Semente de bispo (*Ajwain*) palha de cobertura morta (camada de 2" de espessura)	237.42
S.Em±	6.93
C. D. (P=0,05)	NS
C.V. (%)	5.12

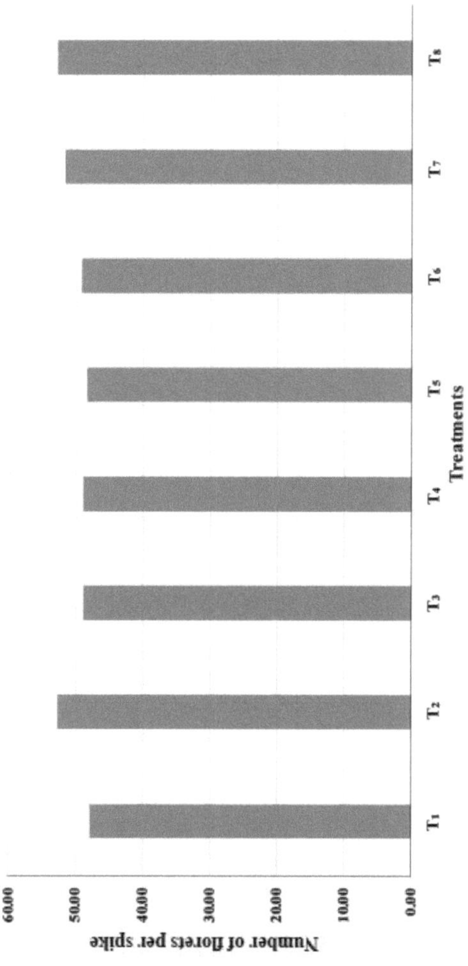

Fig. 4.5: Efeito de diferentes coberturas vegetais no número de floretes por espiga

43

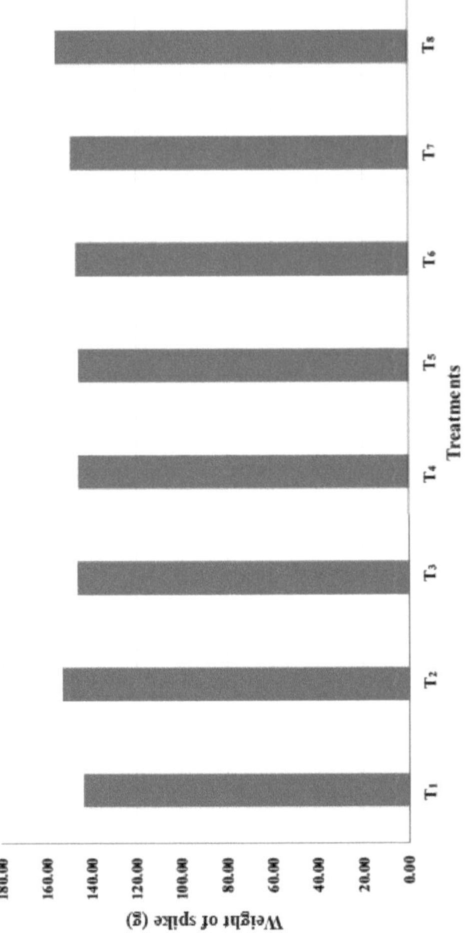

Fig. 4.6: Efeito de diferentes coberturas no peso da espiga (g)

4.3.4 Rendimento de espigas por parcela (número)

O principal objetivo da cultura da tuberosa é obter o máximo rendimento comercializável de espigas floridas e perfumadas para um melhor retorno. Os dados médios relativos ao rendimento de espigas por parcela, influenciados por várias coberturas vegetais durante a experiência, são apresentados no Quadro 4.9. A análise de variância relativa à produção de espigas por parcela é apresentada no Apêndice L.

Os resultados revelaram a influência significativa das diferentes coberturas vegetais na produção de espigas de tuberosa por parcela e o número máximo de espigas por parcela foi registado com o tratamento T8 (57,33), a par do T2 (56,00) e do T7 (55,00). A cobertura morta pode ter melhorado o ambiente do solo para uma melhor absorção de nutrientes pela planta para seus processos fisiológicos eficientes, o que resultou na produção de um maior número

44

de espigas por parcela. Resultados semelhantes foram observados por Vaid *et al.* (2019) em tuberosa e Younis *et al.* (2012) em *Freesia*.

4.3.5 Rendimento de espigas por hectare (número)

Os dados médios relativos ao rendimento de espigas por hectare é influenciado por várias coberturas vegetais durante a experiência são apresentados no Quadro 4.9 e representados graficamente em

Figura 4.7. A análise de variância relativa ao rendimento em espigas por hectare é apresentada em

Apêndice M.

Tabela 4.9: Efeito de diferentes coberturas vegetais na produção de espigas (números)

Tratamentos	Rendimento de espigas (número)	
	por parcela	por hectare ('000)
T1: Sem cobertura vegetal (controlo)	44.00	543.21
T2: Cobertura morta de polietileno preto (50 ц)	56.00	691.36
T3: Cobertura de polietileno preto prateado (50 ц)	50.00	617.28
T4: Cobertura morta de polietileno vermelho - preto (50 ц)	48.67	600.82
T5: Cobertura morta de palha de mostarda (camada de 2" de espessura)	45.00	555.56
T6: Cobertura vegetal de casca de rícino (camada de 2" de espessura)	50.33	621.40
T7 : Cobertura morta de palha de funcho (camada de 2" de espessura)	55.00	679.01
T8: Semente de bispo (*Ajwain*) palha de cobertura morta (camada de 2" de espessura)	57.33	707.82
S.Em±	2.21	27.27
C. D. (P=0,05)	6.70	82.70
C.V. (%)	7.53	7.53

Os resultados revelaram que as plantas de tuberosa cultivadas com o tratamento T8 tinham

A produtividade máxima de espigas por hectare (707,82 mil) foi significativamente maior do que a dos demais tratamentos, exceto T2 (691,36 mil) e T7 (679,01 mil). O número mínimo de espigas por hectare foi registado no T1 (543,21 mil). O rendimento de espigas é a manifestação de vários caracteres de crescimento e rendimento que foram significativamente influenciados pelo uso de cobertura morta. Isto pode ter sido atribuído a uma melhor conservação da humidade, ao controlo das ervas daninhas, a uma menor perda de nutrientes por lixiviação e a uma temperatura do solo favorável para o aumento das actividades dos microrganismos do solo na zona das raízes, resultando num maior crescimento das plantas e numa maior produção de espigas por hectare. Resultados semelhantes foram anteriormente registados por Amin *et al.* (2015) e Barman *et al.* (2015) em tuberosa.

4.3.6 Rendimento de floretes por parcela (kg)

Os dados relativos à produção de floretes por parcela (kg), influenciada pelos vários tratamentos de cobertura, são apresentados no Quadro 4.10. A análise de variância para o rendimento de floretes por parcela (kg) é apresentada no Apêndice N.

O tratamento T8 registou o valor máximo de produção de floretes (3,37 kg parcela^{-1}), seguido do T2 (3,35 kg parcela^{-1}) e do T7 (3,32 kg parcela^{-1}). O valor mínimo de 2,73 kg de parcela^{-1} foi registado no tratamento T1, que foi igual ao T4 e T5   111
(2,77 kg parcela^{-1}), T3 (2,85 kg parcela^{-1}) e T6 (2,92 kg parcela^{-1}). Estes resultados estão de acordo com o trabalho de Vamaja *et al.* (2021) em crisântemo.

Quadro 4.10: Efeito de diferentes coberturas vegetais na produção de floretes

Tratamentos	Rendimento de floretes	
	parcela de kg^{-1}	tonelada ha^{-1}
T1: Sem cobertura vegetal (controlo)	2.73	33.74
T2: Cobertura vegetal de polietileno preto (50 ц)	3.35	41.30
T3: Cobertura de polietileno preto prateado (50 ц)	2.85	35.12
T4: Cobertura morta de polietileno vermelho-preto (50 ц)	2.77	34.18
T5: Cobertura morta de palha de mostarda (camada de 2" de espessura)	2.77	34.16
T6: Cobertura morta de casca de rícino (camada de 2" de espessura)	2.92	36.05
T7 : Cobertura morta de palha de funcho (camada de 2" de espessura)	3.32	41.03
T8 : Semente de bispo (*Ajwain*) palha de cobertura morta (camada de 2" de espessura)	3.37	41.60
S.Em±	0.14	1.76
C. D. (P=0,05)	0.43	5.35
C.V. (%)	8.22	8.22

4.3.7 Rendimento de floretes por hectare (t)

Os dados relativos ao rendimento de floretes por hectare influenciado pelos vários tratamentos de cobertura vegetal são apresentados no quadro 4.10 e representados graficamente na figura 4.8. A análise de variância da produção de floretes por hectare é apresentada no apêndice O.

Os resultados revelam uma influência significativa dos materiais de cobertura vegetal na produção de floretes por hectare (Quadro 4.10). O rendimento máximo de floretes (41,60 t ha^{-1}) foi obtido com o tratamento T8 (cobertura morta de palha de semente de bispo), que foi estatisticamente igual a

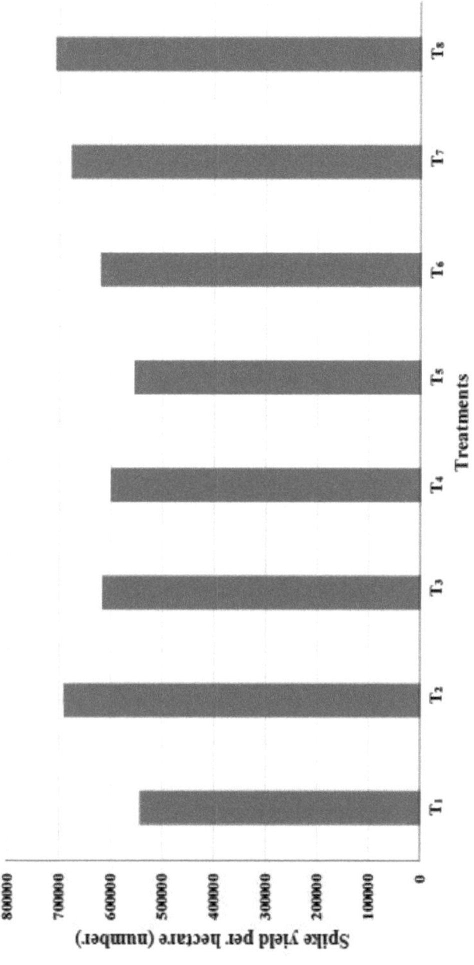

Fig. 4.7: Efeito de diferentes coberturas vegetais no rendimento de espigas por hectare (número)

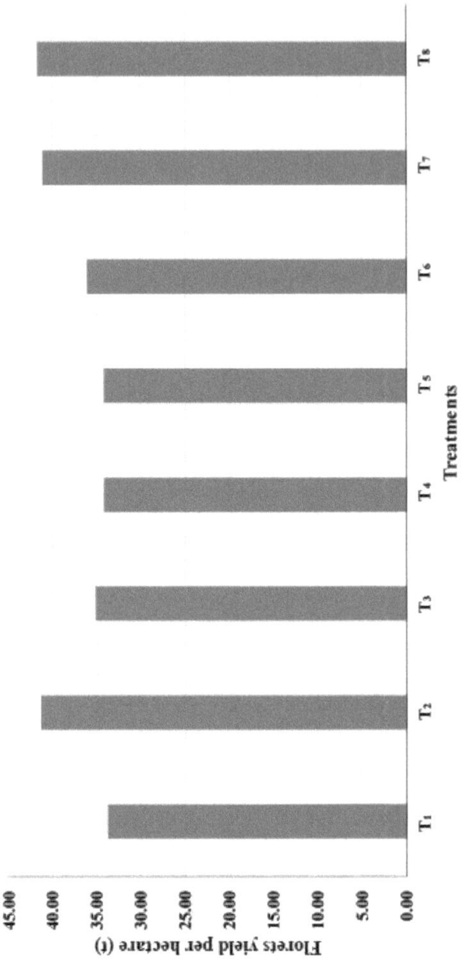

Fig. 4.8: Efeito de diferentes coberturas vegetais no rendimento de floretes por hectare (t)

Sem cobertura vegetal - Controlo (T1) Cobertura vegetal de polietileno preto (T2) Cobertura morta de polietileno preto prateado (T3) Cobertura morta de polietileno preto vermelho (T4)
Cobertura morta de palha de mostarda (T5) Cobertura morta de casca de rícino (T6)
Palha de funcho (T7) Palha de sementes de bispo (*Ajwain*) (T8)
Placa 3: Efeito dos diferentes tratamentos de cobertura vegetal

A maior produtividade (33,74 t ha^{-1}) foi observada com T1 (sem cobertura morta), seguida por T3 (35,12 t ha^{-1}), T4 (34,18 t ha^{-1}) e T5 (34,16 t ha^{-1}). O rendimento mais elevado de floretes obtido por hectare pode dever-se principalmente à produção de um maior número de floretes por espiga e de espigas por planta. Os resultados estão de acordo com as descobertas anteriores de Thakur *et al.* (2019a) e Soujanya *et al.* (2022) em rosa; Sikarwar *et al.* (2021) em calêndula e Vamaja *et al.* (2021) em crisântemo.

4.3.8 Número de colheitas de espigas

Os dados relativos ao número de colheitas de espigas afectados por vários tratamentos de mulching são apresentados no Quadro 4.11, na Figura 4.9 e a análise de variância para o número de colheitas de espigas é dada no Apêndice P.

O tratamento T8, *ou seja,* cobertura de palha de semente de bispo, teve como resposta a frequência máxima de colheita de espigas (6,13), que foi estatisticamente igual à cobertura de polietileno preto (5,97) e cobertura de palha de funcho (5,80).

Quadro 4.11: Efeito de diferentes coberturas vegetais no número de colheitas de espigas

Tratamentos	Número de colheitas de espigas
T1: Sem cobertura vegetal (controlo)	4.93
T2: Cobertura vegetal de polietileno preto (50 ц)	5.97
T3: Cobertura de polietileno preto prateado (50 ц)	5.27
T4: Cobertura morta de polietileno vermelho - preto (50 ц)	5.33
T5: Cobertura de palha de mostarda (camada de 2" de espessura)	5.20
T6: Cobertura vegetal de casca de rícino (camada de 2" de espessura)	5.53
T7: Cobertura morta de palha de funcho (camada de 2" de espessura)	5.80
T8: Semente de bispo (*Ajwain*) palha de cobertura morta (camada de 2" de espessura)	6.13
S.Em±	0.19
C. D. (P=0,05)	0.58
C.V. (%)	5.96

4.3.9 Número de bolbos por tufo

Os dados relativos ao efeito de diferentes coberturas vegetais no número de bolbos por tufo são apresentados no Quadro 4.12 e a análise de variância para o número de bolbos por tufo é apresentada no Apêndice Q.

A análise dos dados sobre o número de bolbos por touceira mostrou uma diferença significativa entre as várias coberturas. O número máximo de bolbos por tufo foi registado no tratamento T8 (25,93), seguido dos tratamentos T7 (25,13) e T2 (23,47). O número mínimo de bolbos por touceira, *ou seja,* 19,13, foi registado no T1, que estava a par do T4 (21,07) e do T5 (21,53). Resultados semelhantes foram relatados anteriormente por Prakash *et al.* (2011) e Sultana *et al.* (2018) em tuberosa.

Quadro 4.12: Efeito de diferentes coberturas vegetais na produção de bolbos

Tratamentos	Número de balões		
	aglomerado^{-1}	trama^{-1}	ha^{-1} ('000)
T1: Sem cobertura vegetal (controlo)	19.13	160.20	1977.78
T2: Cobertura vegetal de polietileno preto (50 ц)	23.47	199.20	2459.26
T3: Cobertura de polietileno preto prateado (50 ц)	21.60	182.40	2251.85
T4: Cobertura morta de polietileno vermelho - preto (50 ц)	21.07	177.60	2192.59
T5: Cobertura morta de palha de mostarda (camada de 2" de espessura)	21.53	181.80	2244.44
T6: Cobertura vegetal de casca de rícino (camada de 2" de espessura)	21.60	182.40	2251.85
T7 : Cobertura morta de palha de funcho (camada de 2" de espessura)	25.13	214.20	2644.44
T8: Semente de bispo (*Ajwain*) palha de cobertura morta (camada de 2" de espessura)	25.93	221.40	2733.33
S.Em±	1.16	10.46	129.19
C. D. (P=0,05)	3.53	31.73	391.79
C.V. (%)	8.98	9.54	9.54

4.3.10 Número de bolbos por parcela

Os dados médios relativos ao número de bolbos por parcela são apresentados no quadro 4.12 e a análise de variância é apresentada no apêndice R.

Os resultados revelaram que o número máximo de bolbos por parcela foi observado com o tratamento T8 (221,40), que está a par com T7 (214,20) e T2 (199,20). O valor mínimo para o número de bolbos (160,20) foi observado com T1 (sem cobertura vegetal) seguido por T4 (177,60), T5 (181,80), T3 e T6 (182,40).

4.3.11 Número de bolbos por hectare

A leitura dos dados relativos ao número de bolbos por hectare é apresentada no Quadro 4.12 e na Figura 4. 10. A análise de variância para o número de bolbos por hectare é apresentada no Apêndice S.

Foi observada uma variação significativa entre os tratamentos no que diz respeito ao número de bolbos por hectare. O número máximo de bolbos por hectare foi registado no tratamento T8 (2733,33 mil), que foi estatisticamente igual ao T7 (2644,44 mil) e T2 (2459,26 mil). O aumento do número de bolbos por cobertura morta pode dever-se à presença óptima de humidade disponível e à melhor absorção de nutrientes, o que resultou num melhor crescimento vegetativo, produzindo assim mais fotossintatos que são transferidos para os bolbos em desenvolvimento.

A cobertura morta tende a proporcionar uma temperatura óptima do solo para um melhor crescimento das raízes e agrava a atividade microbiana do solo, o que leva a uma melhor absorção de nutrientes e

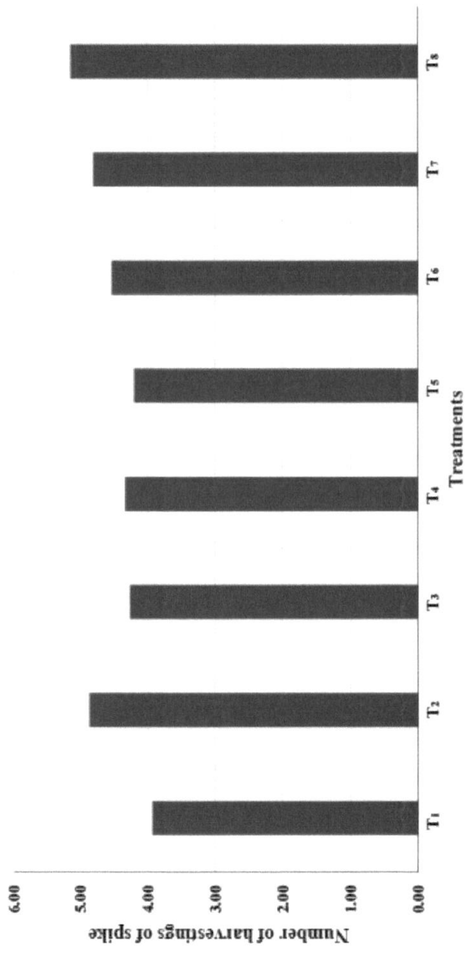

Fig. 4.9: Efeito de diferentes coberturas vegetais no número de colheitas de espigas

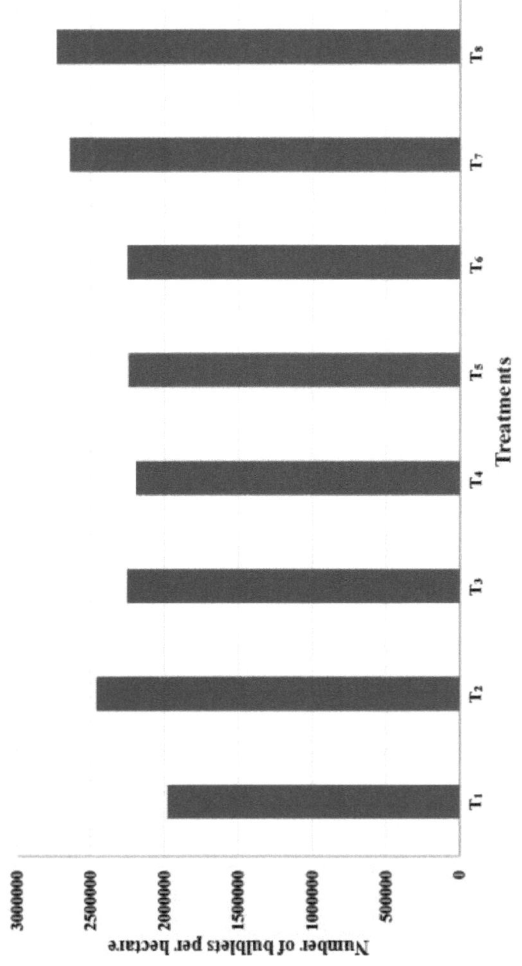

Fig. 4.10: Efeito de diferentes coberturas vegetais no número de bolbos por hectare

minerais do solo pela planta. A cobertura morta mantém uma temperatura adequada do solo e evita a perda por evaporação, ajudando a planta a efetuar eficientemente a fotossíntese, o que, por sua vez, ajuda a manter uma melhor acumulação de fotossintatos. A quantidade extra de fotossintatos é translocada para o sumidouro (parte subterrânea) da planta, o que acaba por aumentar o rendimento dos bolbos (Chander e Dhatt, 2021). Um resultado semelhante no que respeita à produção de bolbos devido a diferentes coberturas vegetais foi anteriormente referido por Prakash *et al.* (2011) e Mridul e Choudhury (2017) em tuberosa.

4.4 ATRIBUTOS DE QUALIDADE

4.4.1 Comprimento do ráquis (cm)

Os dados pertinentes sobre o comprimento da ráquis (cm) influenciado pelos diferentes tratamentos de cobertura morta são apresentados no Quadro 4.13 e representados graficamente na Figura 4.11. A análise de variância para o comprimento da ráquis é apresentada no Apêndice T.

Tabela 4.13: Efeito de diferentes coberturas vegetais no comprimento da ráquis e da espiga (cm)

Tratamentos	Comprimento do ráquis (cm)	Comprimento da espiga (cm)
T1: Sem cobertura vegetal (controlo)	43.27	62.73
T2: Cobertura vegetal de polietileno preto (50 µ)	56.30	78.03
T3: Cobertura de polietileno preto prateado (50 µ)	46.77	65.00
T4: Cobertura morta de polietileno vermelho-preto (50 µ)	46.60	65.93
T5: Cobertura morta de palha de mostarda (camada de 2" de espessura)	45.27	64.83
T6: Cobertura vegetal de casca de rícino (camada de 2" de espessura)	51.10	69.50
T7: Cobertura morta de palha de funcho (camada de 2" de espessura)	53.47	74.23
T8: Semente de bispo (*Ajwain*) palha de cobertura morta (camada de 2" de espessura)	57.97	80.47
S.Em±	2.04	2.91
C. D. (P=0,05)	6.18	8.82
C.V. (%)	7.05	7.19

O comprimento do ráquis foi significativamente afetado pelos vários tratamentos com material de cobertura. O comprimento médio máximo do ráquis (57,97 cm) foi registado no tratamento T8, estatisticamente a par dos tratamentos T2 (56,30 cm) e T7 (53,47 cm), enquanto foi mínimo (43,27 cm) no tratamento T1. O tratamento T1 foi igual ao T5 (45,27 cm), T4 (46,60 cm) e T3 (46,77 cm). Resultados semelhantes foram relatados anteriormente por Prakash *et al.* (2011) e Sultana *et al.* (2018) em tuberosa.

4.4.2 Comprimento da espiga

Os dados pertinentes sobre o comprimento da espiga (cm) influenciado pelos diferentes tratamentos são apresentados na Tabela 4.13 e representados graficamente na Figura 4.11. A análise de variância relativa ao comprimento da espiga (cm) é apresentada no Apêndice U.

A influência das coberturas vegetais no comprimento da espiga (cm) foi significativa em relação ao controlo. A espiga mais longa foi registada no tratamento T8 (80,47 cm), que estava a par com T2 (78,03 cm) e T7 (74,23 cm). O comprimento mínimo da espiga (62,73 cm) foi encontrado no T1. A aplicação de coberturas elimina a competição das ervas daninhas com a cultura principal, pelo que pode levar a uma floração de melhor qualidade (Sarmah *et al.*, 2014). Resultados semelhantes também foram observados por Prakash *et al.* (2011), Amin *et al.* (2015), Mridul e Choudhury (2017) e Vaid *et al.* (2019) em tuberosa; Kumar *et al.* (2010) e Jadhav *et al.* (2018) em rosa; Sarmah *et al.* (2014) em gerbera; Malshe *et al.* (2017) e Sikarwar *et al.* (2021) em calêndula e Vamaja *et al.* (2021) em crisântemo.

4.4.3 Duração do vaso (dias)

Durante a experimentação, a aplicação de diferentes coberturas vegetais não exerceu influência significativa no tempo de vida do vaso (dias) da espiga de tuberosa (Quadro 4.14 e Apêndice V).

Quadro 4.14: Efeito de diferentes coberturas vegetais no tempo de vida do vaso (dias)

Tratamentos	Duração do vaso (dias)
T1: Sem cobertura vegetal (controlo)	8.67
T2: Cobertura vegetal de polietileno preto (50 ц)	9.33
T3: Cobertura de polietileno preto prateado (50 ц)	8.67
T4: Cobertura de polietileno vermelho - preto (50 ц)	8.67
T5: Cobertura morta de palha de mostarda (camada de 2" de espessura)	9.00
T6: Cobertura vegetal de casca de rícino (camada de 2" de espessura)	9.00
T7 : Cobertura morta de palha de funcho (camada de 2" de espessura)	9.33
T8: Semente de bispo (*Ajwain*) palha de cobertura morta (camada de 2" de espessura)	9.33
S.Em±	0.30
C. D. (P=0,05)	NS
C.V. (%)	5.75

4.5 ANÁLISE DO SOLO

4.5.1 Fertilidade inicial do solo

Os diferentes constituintes químicos foram determinados na amostra composta de solo e o estado inicial de fertilidade do solo do campo experimental é apresentado no Quadro 3.2, indicando que o solo do local da experiência tem uma textura de areia argilosa com uma reação ligeiramente alcalina, baixo teor de carbono orgânico e azoto disponível, médio teor de fósforo e potássio disponíveis.

4.5.2 Estado de fertilidade do solo após a colheita dos bolbos

Os dados relativos ao estado de fertilidade do solo do presente campo experimental após a colheita dos bolbos são apresentados no quadro 4.15 e nas figuras 4.12 e 4.13. A análise de variância do estado de fertilidade do solo é apresentada nos apêndices W a Z.

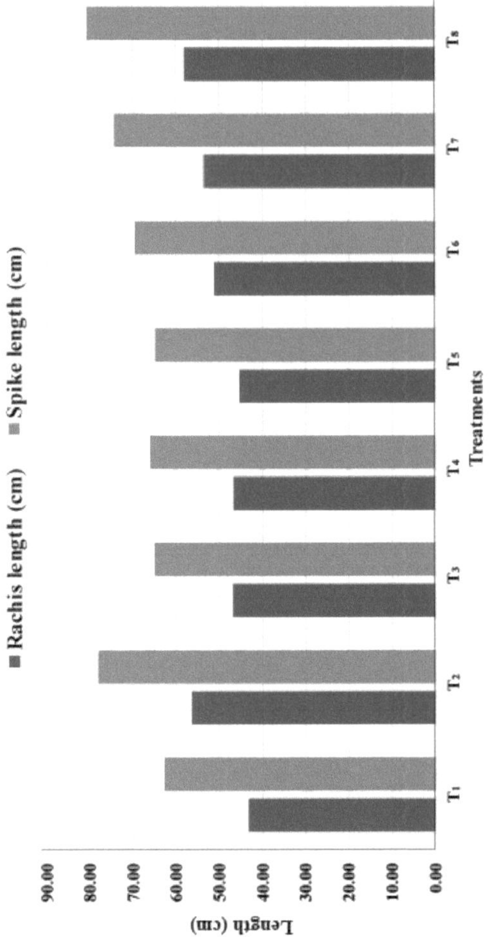

Fig. 4.11: Efeito de diferentes coberturas vegetais no comprimento da ráquis e da espiga (cm)

FOTO 4: Efeito de diferentes coberturas vegetais no tempo de vida do vaso (dias)

Os diferentes tratamentos de cobertura vegetal tiveram um efeito significativo no carbono orgânico, no azoto disponível e no teor de fósforo do solo.

A média máxima de carbono orgânico do solo na colheita (0,29%) foi observada na cobertura de palha de semente de bispo (T8), que foi igual a T7, T5 e T6 (0,28%, 0,27% e 0,26%, respetivamente). O carbono orgânico do solo mínimo na colheita (0,22%) foi observado no controlo (T1), que foi igual ao T3 (0,23%), T2 (0,24%) e T4 (0,24%).

Quadro 4.15: Efeito de diferentes coberturas vegetais na fertilidade do solo após a colheita dos bolbos

Tratamentos	Análise do solo			
	OC (%)	N disponível (kg ha-1)	P2O5 disponível (kg ha-1)	K2O disponível (kg ha-1)
T1: Sem cobertura vegetal (controlo)	0.22	162.07	29.46	259.40
T2: Cobertura vegetal de polietileno preto (50 ц)	0.24	168.30	34.00	261.13
T3: Cobertura de polietileno preto-prateado (50 ц)	0.23	165.68	34.34	262.73
T4: Cobertura morta de polietileno vermelho - preto (50 ц)	0.24	168.83	32.99	263.47
T5: Cobertura de palha de mostarda (camada de 2" de espessura)	0.26	178.67	37.79	268.10
T6: Cobertura morta de casca de rícino (camada de 2" de espessura)	0.27	177.93	36.67	268.63
T7 : Cobertura morta de palha de funcho (camada de 2" de espessura)	0.28	179.23	38.19	270.47
T8 : Semente de bispo (*Ajwain*) palha de cobertura morta (camada de 2" de espessura)	0.29	182.33	38.79	271.40
S.Em±	0.01	3.62	0.98	6.32
C. D. (P=0,05)	0.02	10.99	2.97	NS
C.V. (%)	4.22	3.63	4.80	4.12

O máximo de azoto disponível (182,33 kg ha^{-1}) foi observado na cobertura de palha de semente de bispo, que estava a par com T7, T5 e T6 (179,23 kg ha^{-1}, 178,67 kg ha^{-1} e 177,93 kg ha^{-1}, respetivamente).

Os dados relativos ao fósforo disponível influenciados pelos vários tratamentos de cobertura vegetal foram considerados significativos. O máximo de fósforo disponível (38,79 kg ha^{-1}) foi observado com o tratamento T8, que estava a par com T7, T5 e T6 (38,19 kg ha^{-1}, 37,79 kg ha^{-1} e 36,67 kg ha^{-1}, respetivamente), enquanto que foi mínimo com o tratamento T1 (29,46 kg ha^{-1}).

A aplicação de coberturas orgânicas no campo experimental pode melhorar a fertilidade do solo através da adição de carbono orgânico e da libertação de azoto e fósforo após a decomposição. Resultados semelhantes foram observados por Agele *et al.* (2010) no girassol.

A influência dos diferentes tratamentos de cobertura vegetal no potássio disponível após a colheita dos bolbos foi considerada não significativa (Quadro 4.20).

4.6 ECONOMIA

O efeito da cobertura morta sobre as despesas totais, o rendimento bruto, o lucro líquido e a relação custo-benefício foram calculados e são apresentados no Quadro 4.16 e no Apêndice

AA (I&II). O quadro 4.16 revela que os tratamentos T2, T3 e T4 requerem o máximo de recursos financeiros (? 7,53,411 ha^{-1}), enquanto que o tratamento Ti requer o mínimo (? 6,99,776 ha^{-1}). O tratamento T8 deu o maior retorno bruto (? 21,23,457 ha^{-1}) e lucro líquido (? 14,14,331 ha^{-1}). O retorno mais baixo e o lucro líquido foram calculados no tratamento T1, *ou seja,* ? 16,29,630 e ? 9,29,854 ha^{-1} , respetivamente. A relação custo-benefício dos diferentes tratamentos também foi calculada (Tabela 4.16). Os dados apresentados na mesma tabela revelam ainda que o tratamento T8 (cobertura morta de palha de semente de bispo) resultou na maior relação benefício: custo (2,99), o que pode ser devido ao maior rendimento de espigas e maiores retornos em comparação com outros tratamentos. Esta constatação está de acordo com os resultados de Vamaja *et al.* (2021) em crisântemo e Shinde *et al.* (2022) em calêndula. O rácio benefício/custo mínimo (2,33) foi obtido no tratamento T1 (controlo sem cobertura vegetal), o que pode ser atribuído à elevada competição entre as ervas daninhas e, por conseguinte, o crescimento da cultura foi muito fraco, resultando em espigas de menor tamanho com poucos floretes e menor rendimento em comparação com os tratamentos com cobertura vegetal.

Quadro 4.16: Efeito de diferentes coberturas vegetais na economia e no rácio benefício/custo de tuberosa

Tratamentos	Número de espigas ha^{-1} ('000)	Custo total (? ha)$^{-1}$	Rendimentos brutos (? ha)$^{-1}$	Realização líquida (? ha)$^{-1}$	Rácio benefício/custo
T1	543.21	6,99,776	16,29,630	9,29,854	2.33
T2	691.36	7,53,411	20,74,074	13,20,663	2.75
T3	617.28	7,53,411	18,51,852	10,98,441	2.46
T4	600.82	7,53,411	18,02,469	10,49,058	2.39
T5	555.56	7,09,126	16,66,667	9,57,541	2.35
T6	621.40	7,14,126	18,64,198	11,50,072	2.61
T7	679.01	7,11,126	20,37,037	13,25,911	2.86
T8	707.82	7,09,126	21,23,457	14,14,331	2.99

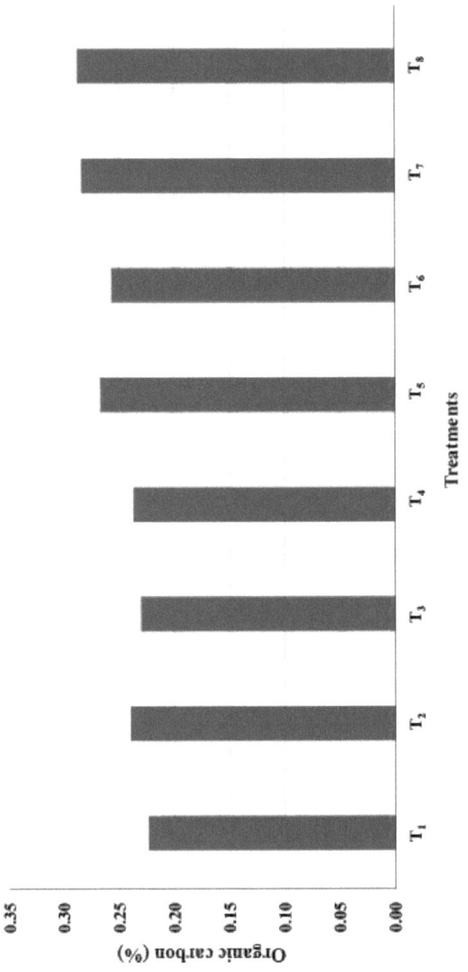

Fig. 4.12: Efeito de diferentes coberturas vegetais no carbono orgânico (%)

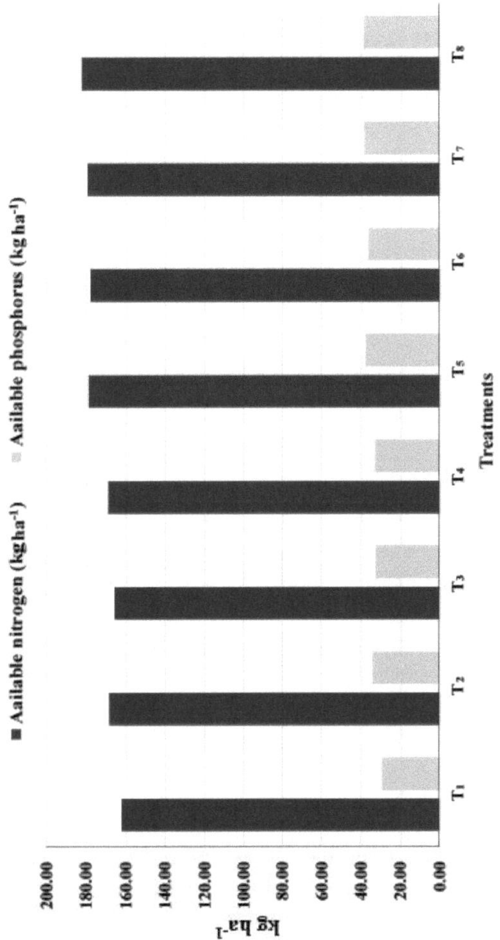

Fig. 4.13: Efeito de diferentes coberturas vegetais no azoto e fósforo disponíveis (kg ha)[1]

V RESUMO E CONCLUSÕES

A tuberosa é a mais importante cultura ornamental de floração bulbosa com grande potencial comercial no comércio de flores como flor de corte e flor solta e na indústria de óleos essenciais devido à sua beleza, elegância, flores deliciosamente perfumadas, espigas de longa duração, rendimentos mais elevados e grande adaptabilidade a climas e solos variados. Trata-se de uma cultura prometedora, adequada para a produção comercial, nomeadamente na região do Norte de Gujarat.

A presente investigação intitulada **Efeito de diferentes coberturas vegetais no crescimento, rendimento e qualidade da tuberosa (*Polianthes tuberosa* L.) var. Suvasini** foi realizada na Fazenda da Faculdade, Faculdade de Horticultura, SDAU, Jagudan durante o período de abril de 2022 a fevereiro de 2023. O experimento foi estabelecido em um projeto de blocos aleatórios com três replicações com oito tratamentos *viz.* T1 (controle sem cobertura morta), T2 (cobertura morta de polietileno preto @ 50 ц), T3 (cobertura morta de polietileno preto prateado @ 50 ц), T4 (cobertura morta de polietileno preto vermelho @ 50 ц), T5 (camada de 2 "de espessura de cobertura morta de palha de mostarda), T6 (camada de 2" de espessura de cobertura morta de casca de mamona), T7 (camada de 2 "de espessura de cobertura morta de palha de erva-doce) e T8 (camada de 2" de espessura de cobertura morta de palha de semente de bispo).

Os bolbos foram plantados a um espaçamento de 30 cm x 30 cm numa parcela de 2,25 m^2 com 25 plantas por parcela. Foram registadas observações sobre diferentes aspectos da planta, como a altura da planta (cm), o número de folhas por touceira, os dias necessários para o aparecimento da primeira espiga e a abertura do primeiro florete, a longevidade da espiga intacta, a duração da floração, o número de floretes por espiga, a produção de espigas por parcela, produção de espigas por hectare, peso de 100 floretes (g), peso da espiga (g), produção de floretes por parcela (kg), produção de floretes por hectare, número de colheitas de espigas, número de bolbos por touceira, número de bolbos por parcela, número de bolbos por hectare, comprimento da ráquis e da espiga (cm), vida útil do vaso e relação custo/benefício: relação custo/benefício.

A altura máxima da planta e o número de folhas por touceira (23,17 cm e 18,40 aos 45 DAP, respetivamente) foram registados na cobertura de palha de funcho, que estatisticamente se equiparou a T8 e T2. A aplicação de cobertura morta de palha de semente de bispo foi mais eficaz em melhorar as caraterísticas de crescimento aos 90 dias após o plantio com a altura máxima da planta e número de folhas (52,67 cm e 62,70 touceiras^{-1} , respetivamente), que foi estatisticamente igual à cobertura morta de palha de funcho e cobertura morta de polietileno preto. O aparecimento mais precoce da espiga (106,53 DAP) e a abertura do florete (125,40 DAP), a longevidade máxima da espiga intacta (20,60 dias) e a duração da floração (181,13 dias) foram observados na cobertura morta de palha de semente de bispo, que foi igual aos tratamentos T7 e T2. A parcela sem mulch registou os valores mais baixos para os caracteres de crescimento e também registou os valores máximos para os dias necessários para a emergência da espiga e para a abertura do primeiro florete.

Todos os caracteres de rendimento e qualidade da flor, *i.e*, número de floretes por espiga (52,80), peso da espiga (155,50 g), número de espigas (57,33 parcela^{-1} e 707,82 mil ha^{-1}), rendimento de floretes (3,37 kg parcela^{-1} e 41,60 t ha^{-1}), número de colheitas de espiga (6.13) e número de bulbilhos (25,93 touceiras^{-1} , 221,40 parcelas^{-1} e 2733,33 mil ha^{-1}) foram significativamente favorecidos pela cobertura morta de palha de semente de bispo em relação às parcelas de solo descoberto, que estão a par com T7 e T2.

Entre as diferentes coberturas, o comprimento máximo da ráquis (57,97 cm) e o comprimento da espiga (80,47 cm) foram observados no tratamento com palha de semente de bispo e foi igual ao T7 e T2, enquanto que o tempo de vida do vaso não foi significativo.

Os rendimentos máximos (? 14,14,331 ha^{-1}) e o rácio benefício: custo (2,99) foram obtidos no caso do tratamento com cobertura morta de palha de sementes de bispo, que foi elevado em relação às parcelas sem cobertura morta.

A cobertura morta de palha de sementes de bispo melhorou significativamente as propriedades do solo, como o carbono orgânico, o azoto disponível e o fósforo, em comparação com a ausência de cobertura morta. O carbono orgânico mais elevado (0,29%), o azoto disponível (182,33 kg ha^{-1}) e o fósforo disponível (38,79 kg ha^{-1}) foram obtidos com a cobertura morta de palha de semente de bispo, que é igual à de T7, T6 e T5. Vários mulches não tiveram efeito significativo no potássio disponível no solo.

Conclusões

À luz dos resultados obtidos nas presentes investigações, conclui-se que, nas condições do Norte de Gujarat, a cultura da tuberosa pode ser cultivada com sucesso através da aplicação de cobertura morta de palha de semente de bispo (camada de 2" de espessura) ou de cobertura morta de palha de funcho (camada de 2" de espessura) ou de cobertura morta de polietileno preto (50 ц) para obter maior rendimento de floretes e espigas de melhor qualidade.

REFERÊNCIAS

Agele, S. O.; Olaore, J. B. e Akinbode, F. A. (2010). Efeito de alguns materiais de cobertura vegetal nas propriedades físicas do solo, crescimento e rendimento do girassol (*Helianthus Annuus*, L.). *Avanços em Biologia Ambiental*. **4**(3): 368-375.

Amin, M. R.; Sultana, M. N.; Sultana, S.; Mehraj, H. e Uddin, A. F. M. J. (2015). Efeito da palha de arroz e da cobertura morta de jacinto de água na produção de tuberosa (*Polianthes tuberosa* L.). *Journal of Experimental Biosciences*. **6**(2):49-52.

Annasamy, K.; Muthu, L. S.; Sellamuthu, K. M.; Thangaselvabai, T.; Kannan, J.; Preethi, T. L. e Arularasu, P. (2020). Efeito da cobertura morta, irrigação por gotejamento e fertirrigação no crescimento, floração e parâmetros de rendimento de nerium (*Nerium oleander* L.). *Jornal Internacional de Microbiologia Atual e Ciências Aplicadas*. **9**(11): 2272-2282.

Anónimo (2022). Relatório anual. ICAR-Direção de Horticultura, Governo do Estado de Gujarat, Gandhinagar.

Bajad, A. A.; Sharma, B. P.; Gupta, Y. C.; Dilta, B. S. e Gupta, R. K. (2017). Efeito de diferentes épocas de plantio e materiais de cobertura morta na qualidade das flores e no rendimento das cultivares de áster da China. *Jornal de Farmacognosia e Fitoquímica*. **6**(6):1321-1326.

Baladha, R. F.; Varu, D. K.; Bhuva, S. K.; Parsana, J. S. e Pipaliya, H. R. (2020). Efeito do cronograma de fertirrigação por gotejamento e diferentes coberturas vegetais no gladíolo cv. Psittacinus híbrido. *Revista Internacional de Estudos Químicos*. **8**(5): 494-498.

Barman, A.; Abdullah, A. H. M.; Hossen, A.; Asrafuzzama, M. e Rahman, K. M. H. (2015). Efeito de diferentes coberturas vegetais no crescimento e rendimento da tuberosa. *Revista Internacional de Pesquisa e Revisão*. **2**(6):301-306.

Bohra, M.; Kumar, S.; Singh, C. P. e Visen, A. (2016). Estudou o efeito dos materiais de cobertura vegetal nos atributos florais da rosa (*Rosa spp.*) cv. Lahar sob condições de tarai do estado de Uttarakhand, Índia. *Investigação sobre culturas*. **17**(2): 324330.

Chander, A. e Dhatt, K. K. (2021). Efeito da cobertura morta nas ervas daninhas e na produção de cormos em *Gladiolus hortensis*. *Indian Journal of Weed Science*. **53**(2): 198-201.

Haque, M. S.; Islam, M. R.; Karim, M. A. e Khan, M. A. H. (2003). Efeitos de coberturas naturais e sintéticas no alho (*Allium sativum* L.). *Asian Journal of Plant Sciences*. **2**(1): 83-89.

Inusah, B. I. Y.; Wiredu, A. N.; Yirzagla, J.; Mawunya, M. e Haruna, M. (2013). Efeito de diferentes coberturas no rendimento e produtividade de cebolas irrigadas por gotejamento em condições tropicais. *Jornal Internacional de Pesquisa Agrícola Avançada*. 133-140.

Jackson, M. L. (1973). Soil Chemical Analysis. 1st ed. Nova Deli, Prentice Hall of India Pvt. Ltd. pp. 327-350.

Jadhav, S. B.; Katwate, S. M.; Kakade, D. S. e Pawar, B. G. (2018). Efeito da cobertura morta no crescimento, rendimento e manejo de ervas daninhas em rosa. *Revista Internacional de Estudos Químicos*. **6**(3): 2806-2808.

Jamil, M.; Munir, M.; Qasim, M.; Baloch, J. U. D. e Rehman, K. (2005). Efeito de diferentes tipos de coberturas vegetais e da sua duração no crescimento e rendimento do alho (*Allium sativum* L.). *Revista Internacional de Agricultura e Biologia*. **7**(4): 588-591.

Kabir, M. H.; Solaiman, A. H. M.; Das, N. e Uddin, A. F. M. J. (2007). Influência das coberturas vegetais tradicionais na produção de flores e na coloração das pétalas de dianthus (*Dianthus chinensis* Lin.). *Agricultura Progressiva*. **12**(2): 35-40.

Kazemi, F. e Jozay, M. (2020). O efeito de coberturas orgânicas e inorgânicas no crescimento e caraterísticas morfofisiológicas de *Gaillardia spp. Deserto*. **25**(2): 155-164.

Kumar, D; Pandey, V. e Nath, V. (2008). Effect of organic mulches on moisture conservation for rainfed turmeric production in mango orchard. *Indian Journal of Soil Conservation*. **36**(3): 188-191.

Kumar, S.; Chakraborty, B. e Singh. N. (2010). Efeito de diferentes materiais de cobertura vegetal na rosa (*Rosa spp.* L) cv. Laher. *Journal of Ornamental Horticulture*. **13**(2): 95-100.

Kusuma, K. e Thaneshwari. (2021). Efeito das datas de plantio e cobertura morta no crescimento e floração da calêndula africana (*Tagetes erecta* L.). *O jornal Pharma Innovation*. **10**(8): 886-889.

Malshe, K. V.; Sagavekar, V. V. e Chavan, A. P. (2017). Efeito da cobertura morta no crescimento e na produção de flores de calêndula africana (*Tegetes erecta* L.). *Um Jornal Trimestral de Ciências da Vida*. **14**(3): 233-234.

Mridul, D. e Choudhury, T. M. (2017). Efeito da cobertura morta no crescimento e floração da tuberosa cv. Double. *Pesquisa em Culturas*. **18**(1):129-132.

Panse, V. G. e Sukhatme, P. V. (1985). Statistical Methods for Agricultural Workers. 4th ed., Nova Deli, ICAR Publication. 347p.

Parmar, T.; Baweja, H. S.; Dilta, B. S. e Baweja, P. K. (2020). Influência de materiais de cobertura morta e formulações orgânicas no crescimento das plantas, rendimento e qualidade das flores cortadas de cravo (*Dianthus caryophyllus* L.) cv. Loris. *International Journal of Current Microbiology and Applied Sciences*. **9**(11): 637-644.

Piper, C. S. (1950). Soil and Plant Analysis. Imprensa Académica da Universidade de Adelaide, N. Y. Austrália. pp. 47-80.

Prakash, S.; Shripal; Arya, J. K. e Kumar, S. (2011). Efeito da cobertura morta na produção de flores cortadas e na multiplicação de cormos em tuberosa. *International Journal of Agricultural Science*. **7**(1):169-170.

Safeena, S. A.; Thangam, M.; Devi, S. P.; Desai, R. N. e Singh, N. P. (2015). Ready Reckoner on cultivation of tuberose. In: Boletim Técnico 50. ICAR - Instituto Central de Investigação Agrícola Costeira, Goa. pp. 1-25.

Sanas, K.; Dilta, B. S. e Singh, S. (2018). Eficácia da aplicação de cobertura morta, N e K no crescimento das plantas e caracteres de rendimento no crisântemo anual. *Jornal Internacional de Biociência Pura e Aplicada*. **6**(6): 1127-1138.

Sardar, H.; Akhtar, G.; Akram, A. e Nassem, K. (2016). Influência de materiais de cobertura morta na condição do solo, ervas daninhas, crescimento de plantas e rendimento de flores de *Rosa centifolia*. *Revista Internacional de Ciências Agrárias Aplicadas*. **8**(1): 6471.

Sarmah, D.; Mahanta, P.; Talukdar, M. C. e Das, R. (2014). Efeito da cobertura morta no crescimento e floração da gérbera (*Gerbera jamesonii* Bolus) cv. Red Gem sob condição de Assam. *Pesquisa em Culturas*. **15**(1): 211-214.

Shinde, M. V.; Malshe, K. V. e Sagvekar, V. V. (2022). Produção de flores e economia da calêndula africana cv. Double Orange sob a influência de diferentes coberturas vegetais. *The Pharma Innovation Journal*. **11**(6): 2231-2233.

Shinde, M. V.; Malshe, K. V.; Salvi, B. R.; Sagvekar, V. V. e Khandekar, R. G. (2021). Efeito de diferentes coberturas na floração e caracteres florais em calêndula sob condições agroclimáticas de Konkan. *The Pharma Innovation Journal*. **10**(11):479-481.

Sikarwar, P. S.; Balaji, V.; e Sengupta. (2021). Efeito de diferentes coberturas vegetais no crescimento vegetativo, qualidade e rendimento da calêndula africana. *The Pharma Innovation Journal*. **10**(2):279-281.

Singh, R. e Thakur, T. (2022). Efeito da cobertura morta na temperatura do solo, na gestão das ervas daninhas, no crescimento e na produção de flores em rosa (*Rosa hybrida* L.). *Journal of Agrometeorology*. **24**(1): 103-105.

Soujanya, M. B.; Bhat, S. T.; Tandel, B. M.; Patel, H. M.; Patel, G. D.; Bhatt, D. S. e Sindha, M. R. (2022). Efeito da cobertura orgânica no crescimento e floração da rosa do campo. *The Pharma Innovation Journal*. **11**(5): 1950-1957.

Subbiah, B. V. e Asija, G. L. (1956). Um procedimento rápido para a estimativa do azoto disponível nos solos. *Current Science*. **25**: 259-260.

Sultana, M. N.; Fariduzzaman, M.; Hossain, A. e Suem, M. A. (2018). Influência de fontes de nutrientes e cobertura morta no crescimento e rendimento da tuberosa. *Jornal da Universidade de Ciência e Tecnologia de Patuakhali*. **9**(1&2):121-142.

Thakur, M.; Bhatt, V. e Kumar, R. (2019a). Efeito do nível de sombra e do tipo de cobertura morta no crescimento, rendimento e composição do óleo essencial da rosa damascena (*Rosa damascene* Mill.) sob condições de meia colina do Himalaia Ocidental. *Plos One*. **14**(4).

Thakur, P.; Dilta, B. S.; Gupta, Y. C.; Mehta, D. K. e Kumar, P. (2019b). Efeito da data de plantio, cobertura morta e aplicação de GA3 no rendimento e qualidade das sementes de calêndula (*Tagetes erecta* L.) cv. Pusa Narangi Gaida. *Journal of Pharmacognosy and Phytochemistry*. 250-254.

Vaid, N.; Chaudhary, S. V. S.; Sharma, B. P.; Gupta, Y. C. e Chauhan, G. (2019). Efeito das datas de plantio e cobertura morta no crescimento e floração da tuberosa (*Polianthes tuberosa* L.) cv. Seleção Sikkim. *Jornal Internacional de Microbiologia Atual e Ciências Aplicadas*. **8**(5): 199-206.

Vamaja, S. M.; Bhatt, D. S.; Bhatt, S. T.; Chawla, S. L.; Patel, M. A. e Patel, S. M. (2021). Efeito da cobertura morta no crescimento, floração e rendimento do crisântemo (*Chrysanthemum morifolium* Ramat.) cv. Ratlam Selection. *Journal of Crop and weed*. **17**(3): 233-236.

Wagan, M. A.; Magsi, H. A.; Miano, T. F.; Abro M. Z. A.; Ahmad, L. S.; Teevno, T. H. e Wagan, F. A. (2022). Efeito de diferentes coberturas vegetais nos caracteres de floração da calêndula (*Tagetes erecta* L.). *European Journal of Biophysics*. **10**(1): 7-10.

Yadav, L. P. e Maity, R. G. (2002). Tuberose. Em: Bose, T. K.; Yadav, L. P.; Pal, P.; Das. P. e Parthasarathy, V. P. Commercial Flower. **1**, 2nd ed. Calcutá, Naya Prokash, pp. 603-644.

Younis, A.; Muhammad, Z. M. B.; Riaz, A.; Tariq, U.; Muhammad, A.; Muhammad, N. e Muhammad, A. (2012). Efeito de diferentes tipos de cobertura morta no crescimento e floração de *Freesia alba* cv. Aurora. *Jornal paquistanês de ciências agrícolas*. **49**(3): 429-433.

Análise de variância para diferentes parâmetros

Apêndice - A

Análise de variância para altura da planta, (cm) aos 45 DAP .

Fonte de variação	d.f	S.S.	M.S.	Cal. F	Tab. F	S. Em ±	C. D. em 5%	Teste
Replicação	2.00	3.43	1.72	0.82				
Tratamento	7.00	85.37	12.20	5.81	2.76	0.84	2.54	**
Erro	14.00	29.39	2.10					
Total	23.00	118.20			CV % 7,28			

****Significativo ao nível de 1% de significância**

Apêndice - B

Análise de variância para as plantas altura (cm) aos 90 DAP

Fonte de variação	d.f	S.S.	M.S.	Cal. F	Tab. F	S. Em ±	C. D. em 5%	Teste
Replicação	2.00	76.09	38.05	2.11				
Tratamento	7.00	350.18	50.03	2.78	2.76	2.45	7.43	*
Erro	14.00	252.11	18.01					
Total	23.00	678.38			CV % 9,24			

***Significativo a um nível de significância de 5%**

Apêndice - C

Análise de variância para o número de folhas por tufo a 45 DAP

Fonte de variação	d.f	S.S.	M.S.	Cal. F	Tab. F	S. Em ±	C. D. em 5%	Teste
Replicação	2.00	6.20	3.10	3.15				
Tratamento	7.00	88.87	12.70	12.88	2.76	0.57	1.74	**
Erro	14.00	13.80	0.99					
Total	23.00	108.87			CV % 6,37			

****Significativo ao nível de 1% de significância**

Apêndice - D

Análise de variância para o número de folhas por touceira aos 90 DAP

Fonte de variação	d.f	S.S.	M.S.	Cal. F	Tab. F	S. Em ±	C. D. em 5%	Teste
Replicação	2.00	73.99	37.00	1.38				
Tratamento	7.00	1406.79	200.97	7.50	2.76	2.99	9.07	**
Erro	14.00	375.25	26.80					
Total	23.00	1856.03			CV % 10,19			

****Significativo ao nível de 1% de significância**

Apêndice - E

Análise de variância para os dias necessários para a emergência da primeira espiga

Fonte de variação	d.f	S.S.	M.S.	Cal. F	Tab. F	S. Em ±	C. D. em 5%	Teste
Replicação	2.00	538.93	269.46	3.67				

Tratamento	7.00	1473.25	210.46	2.86	2.76	4.95	15.01	*
Erro	14.00	1029.04	73.50					
Total	23.00	3041.22		CV % 7,09				

*Significativo a um nível de significância de 5%

Apêndice - F

Análise de variância para os dias necessários para a abertura da primeira flor

Fonte de variação	d.f	S.S.	M.S.	Cal. F	Tab. F	S. Em ±	C. D. a 5%	Teste
Replicação	2.00	147.70	73.85	0.74				
Tratamento	7.00	1945.11	277.87	2.79	2.76	5.76	17.48	*
Erro	14.00	1394.62	99.62					
Total	23.00	3487.43		CV % 7,00				

*Significativo a um nível de significância de 5%

Apêndice - G

Análise de variância para a longevidade da espiga intacta (dias)

Fonte de variação	d.f	S.S.	M.S.	Cal. F	Tab. F	S. Em ±	C. D. em 5%	Teste
Replicação	2.00	3.90	1.95	0.97				
Tratamento	7.00	54.71	7.82	3.90	2.76	0.82	2.48	*
Erro	14.00	28.07	2.00					
Total	23.00	86.68		CV % 7,78				

*Significativo a um nível de significância de 5%

Apêndice - H

Análise de variância para a duração da floração (dias)

Fonte de variação	d.f	S.S.	M.S.	Cal. F	Tab. F	S. Em ±	C. D. a 5%	Teste
Replicação	2.00	264.09	132.05	1.25				
Tratamento	7.00	2076.67	296.67	2.81	2.76	5.93	17.99	*
Erro	14.00	1477.72	105.55					
Total	23.00	3818.48		CV % 6,14				

*Significativo a um nível de significância de 5%

Apêndice - I

Análise de variância para o número de floretes por espiga

Fonte de variação	d.f	S.S.	M.S.	Cal. F	Tab. F	S. Em ±	C. D. a 5%	Teste
Replicação	2.00	26.09	13.05	3.16				
Tratamento	7.00	86.84	12.41	3.01	2.76	1.17	3.56	*
Erro	14.00	57.79	4.13					
Total	23.00	170.72		CV % 4,06				

*Significativo a um nível de significância de 5%

Apêndice - J

Análise de variância para o peso da espiga (g)

Fonte de variação	d.f	S.S.	M.S.	Cal. F	Tab. F	S. Em ±	C. D. em 5%	Teste

Replicação	2.00	93.35	46.68	2.93				
Tratamento	7.00	451.71	64.53	4.05	2.76	2.31	6.99	*
Erro	14.00	223.30	15.95					
Total	23.00	768.35		CV % 2,70				

*Significativo a um nível de significância de 5%

Apêndice - K

Análise de variância para o peso de 100 | loretsi | g>

Fonte de variação	d.f	S.S.	M.S.	Cal. F	Tab. F	S. Em ±	C. D. em 5%	Teste
Replicação	2.00	153.52	76.76	0.53				
Tratamento	7.00	100.15	14.31	0.10	2.76	6.93	21.01	NS
Erro	14.00	2015.81	143.99					
Total	23.00	2269.48		CV % 5,12				

*Significativo a um nível de significância de 5%

Apêndice - L

Análise de variância | para o número de espigas por parcela

Fonte de variação	d.f	S.S.	M.S.	Cal. F	Tab. F	S. Em ±	C. D. em 5%	Teste
Replicação	2.00	11.08	5.54	0.38				
Tratamento	7.00	517.96	73.99	5.06	2.76	2.21	6.70	**
Erro	14.00	204.92	14.64					
Total	23.00	733.96		CV % 7,53				

**Significativo ao nível de 1% de significância

Apêndice - M

Análise de variância para o número de espigas por hectare

Fonte de variação	d.f	S.S.	M.S.	Cal. F	Tab. F	S. Em ±	C. D. a 5%	Teste
Replicação	2.00	1689.28	844.64	0.38				
Tratamento	7.00	78945.03	11277.86	5.06	2.76	27.27	82.70	**
Erro	14.00	31232.54	2230.90					
Total	23.00	111866.84		CV % 7,53				

**Significativo ao nível de 1% de significância

Apêndice - N

Análise de variância | para floretes | rendimento de s | por parcela (kg)

Fonte de variação	d.f	S.S.	M.S.	Cal. F	Tab. F	S. Em ±	C. D. em 5%	Teste
Replicação	2.00	0.17	0.08	1.36				
Tratamento	7.00	1.71	0.24	3.98	2.76	0.14	0.43	*
Erro	14.00	0.86	0.06					
Total	23.00	2.73		CV % 8,22				

*Significativo a um nível de significância de 5%

Apêndice - O

Análise de variância | para floretes | rendimento de s | por hectare (t)

Fonte de variação	d.f	S.S.	M.S.	Cal. F	Tab. F	S. Em ±	C. D. em 5%	Teste
Replicação	2.00	25.43	12.71	1.36				
Tratamento	7.00	260.39	37.20	3.98	2.76	1.76	5.35	*
Erro	14.00	130.69	9.34					
Total	23.00	416.51		CV % 8,22				

*Significativo a um nível de significância de 5%

Apêndice - P

Análise de variância para o número total de colheitas de espigas

Fonte de variação	d.f	S.S.	M.S.	Cal. F	Tab. F	S. Em ±	C. D. em 5%	Teste
Replicação	2.00	0.00	0.00	0.02				
Tratamento	7.00	3.60	0.51	4.75	2.76	0.19	0.58	**
Erro	14.00	1.52	0.11					
Total	23.00	5.12		CV % 5,96				

**Significativo ao nível de 1% de significância

Apêndice - Q

Análise de variância para o número de bolbos por touceira

Fonte de variação	d.f	S.S.	M.S.	Cal. F	Tab. F	S. Em ±	C. D. em 5%	Teste
Replicação	2.00	18.58	9.29	2.29				
Tratamento	7.00	106.69	15.24	3.76	2.76	1.16	3.53	*
Erro	14.00	56.78	4.06					
Total	23.00	182.05		CV % 8,98				

*Significativo a um nível de significância de 5%

Apêndice - R

Análise de variância para o número de bolbos por parcela

Fonte de variação	d.f	S.S.	M.S.	Cal. F	Tab. F	S. Em ±	C. D. em 5%	Teste
Replicação	2.00	425.25	212.62	0.65				
Tratamento	7.00	8642.16	1234.59	3.76	2.76	10.46	31.73	*
Erro	14.00	4598.91	328.49					
Total	23.00	13666.32		CV % 9,54				

*Significativo a um nível de significância de 5%

Apêndice - S

Análise de variância para o número de bolbos por hectare

Fonte de variação	d.f	S.S.	M.S.	Cal. F	Tab. F	S. Em ±	C. D. em 5%	Teste
Replicação	2.00	64814.81	32407.41	0.65				
Tratamento	7.00	1317201.65	188171.66	3.76	2.76	129.19	391.79	*
Erro	14.00	700946.50	50067.61					
Total	23.00	2082962.96		CV % 9,54				

*Significativo a um nível de significância de 5%

Apêndice - T

Análise de variância para o comprimento da ráquis (cm)

Fonte de variação	d.f	S.S.	M.S.	Cal. F	Tab. F	S. Em ±	C. D. em 5%	Teste
Replicação	2.00	13.10	6.55	0.53				
Tratamento	7.00	618.22	88.32	7.09	2.76	2.04	6.18	**
Erro	14.00	174.37	12.46					
Total	23.00	805.70			CV % 7,05			

**Significativo ao nível de 1% de significância

Apêndice - U

Análise de variância para o comprimento da espiga (cm)

Fonte de variação	d.f	S.S.	M.S.	Cal. F	Tab. F	S. Em ±	C. D. a 5%	Teste
Replicação	2.00	31.65	15.82	0.62				
Tratamento	7.00	939.68	134.24	5.29	2.76	2.91	8.82	**
Erro	14.00	355.19	25.37					
Total	23.00	1326.52			CV % 7,19			

**Significativo ao nível de 1% de significância

Apêndice - V

Análise de variância para o tempo de vida do vaso (dias)

Fonte de variação	d.f	S.S.	M.S.	Cal. F	Tab. F	S. Em ±	C. D. em 5%	Teste
Replicação	2.00	0.25	0.13	0.47				
Tratamento	7.00	2.00	0.29	1.07	2.76	0.30	0.91	NS
Erro	14.00	3.75	0.27					
Total	23.00	6.00			CV % 5,75			

*Significativo a um nível de significância de 5%

Apêndice - W

Análise de variância para o carbono orgânico (%)

Fonte de variação	d.f	S.S.	M.S.	Cal. F	Tab. F	S. Em ±	C. D. a 5%	Teste
Replicação	2.00	0.00	0.00	2.28				
Tratamento	7.00	0.01	0.00	16.20	2.76	0.01	0.02	**
Erro	14.00	0.00	0.00					
Total	23.00	0.02			CV % 4,22			

**Significativo ao nível de 1% de significância

Apêndice - X

Análise de variância para o azoto disponível (kg ha)$^{-1}$

Fonte de variação	d.f	S.S.	M.S.	Cal. F	Tab. F	S. Em ±	C. D. em 5%	Teste
Replicação	2.00	230.22	115.11	2.92				
Tratamento	7.00	1184.47	169.21	4.29	2.76	3.62	10.99	**
Erro	14.00	551.71	39.41					
Total	23.00	1966.40			CV % 3,63			

**Significativo ao nível de 1% de significância

Apêndice - Y

Análise de variância para o fósforo disponível (kg ha)$^{-1}$

Fonte de variação	d.f	S.S.	M.S.	Cal. F	Tab. F	S. Em ±	C. D. em 5%	Teste
Replicação	2.00	11.15	5.57	1.94				
Tratamento	7.00	211.77	30.25	10.54	2.76	0.98	2.97	**
Erro	14.00	40.19	2.87					
Total	23.00	263.10		CV % 4,80				

****Significativo ao nível de 1% de significância**

Apêndice - Z

Análise de variância para o potássio disponível (kg ha^{-1}

Fonte de variação	d.f	S.S.	M.S.	Cal. F	Tab. F	S. Em ±	C. D. em 5%	Teste
Replicação	2.00	346.61	173.31	1.45				
Tratamento	7.00	431.70	61.67	0.51	2.76	6.32	19.16	NS
Erro	14.00	1677.24	119.80					
Total	23.00	2455.55		CV % 4,12				

***Significativo a um nível de significância de 5%**

Apêndice - AA

(I) Custo de cultivo da tuberosa por hectare

Sr. Não.		Particular	Recursos humanos/Quantidade	Frequência	Custo fixo (? ha)$^{-1}$
[A]		OPERAÇÃO DE PRÉ-PLANTAÇÃO			
	1	Lavoura (3 x ? 600 = ? 1800)	1	2	4,280.00
	2	Arroteamento e aplainamento (3 x ? 600 = ? 1800)	2	1	2,480.00
[B]		ESTRUME E FERTILIZANTES			
	1	FYM (20 t ha)$^{-1}$	-	1	20,000.00
	2	Ureia (N: 200 kg ha)$^{-1}$	434,75 kg	-	2,569.86
	3	SSP (P: 200 kg ha)$^{-1}$	1253,33 kg	-	10,402.64
	4	MOP (K: 200 kg ha)$^{-1}$	333,33 kg	-	6,031.67
		Aplicação de estrume e fertilizantes	5	1	1,775.00
[C]		PLANTAÇÃO			
	1	Preparação do traçado e da plantação	8	1	2,840.00
	2	Custo da lâmpada - 1,11,111 (número)	0	1	5,55,555.00
[D]		OPERAÇÕES PÓS-PLANTAÇÃO			
	1	Proteção das plantas	-	-	700.00
[E]	D]C]	CUSTO DO RIP E ENCARGOS DE IRRIGAÇÃO	-	-	61,141.50
[F]		CUSTO DA COLHEITA	10	6	21,300
[G]		RECEITAS FUNDIÁRIAS	-	1	50.00
		CUSTO FIXO TOTAL			6,89,125.67

Nota: Custo da lâmpada @ ? 5.00 por lâmpada

Carga do trator @ ? 600,00 por hora

FYM @ ? 1000,00 por tonelada

Ureia a ? 266,00 por saco de 45 kg

SSP @ ? 415,00 por saco de 50 kg

MOP @ ? 905,00 por saco de 50 kg

FYM @ ? 1000,00 por t

Taxa de mão de obra a ? 355,00 por dia

Taxa de irrigação @ ? 300,00 por irrigação

Cloropirifos @ ? 350 por litro

(II) Custo por tratamento de diferentes materiais de cobertura vegetal na tuberosa (ha)[-1]

Sr. Não.	Tratamentos	Quantidade (kg)	Custo (? kg)[-1]	Custo (? ha)[-1]
T1	Sem cobertura vegetal (controlo)	-	-	-
T2	Cobertura vegetal de polietileno preto (50 ц) 8800 m	476.19	135.00	64,285.65
T3	Cobertura vegetal de polietileno preto prateado (50 ц) 8800 m	476.19	135.00	64,285.65
T4	Cobertura morta de polietileno vermelho-preto (50 ц) 8800 m	476.19	135.00	64,285.65
T5	Cobertura morta de palha de mostarda (camada de 2" de espessura)	20,000.00	1.00	20,000.00
T6	Cobertura vegetal de casca de rícino (camada de 2" de espessura)	25,000.00	1.00	25,000.00
T7	Cobertura morta de palha de funcho (camada de 2" de espessura)	22,000.00	1.00	22,000.00
T8	Cobertura morta de palha de sementes de Bishop (camada de 2" de espessura)	20,000.00	1.00	20,000.00

Sr. Não.	Custo fixo (? ha)[-1]	Custo do tratamento (? ha)[-1]				Custo total do tratamento (? ha)[-1]	Custo total (? ha)[-1]
		Custo do material de cobertura vegetal (? ha)[-1]	Monda				
			Dia do homem	Frequência	Custo (? ha)[-1]		
T1	6,89,125.67	0	10	3	10,650.00	10,650.00	6,99,775.67
T2	6,89,125.67	64285.65	-	-	-	64,285.65	7,53,411.32
T3	6,89,125.67	64285.65	-	-	-	64,285.65	7,53,411.32
T4	6,89,125.67	64285.65	-	-	-	64,285.65	7,53,411.32
T5	6,89,125.67	20000.00	-	-	-	20,000.00	7,09,125.67
T6	6,89,125.67	25000.00	-	-	-	25,000.00	7,14,125.67
T7	6,89,125.67	22000.00	-	-	-	22,000.00	7,11,125.67
T8	6,89,125.67	20000.00	-	-	-	20,000.00	7,09,125.67

Sr. Não.	Número de espigas ('000)	Custo total (ha-)[1]	Rendimentos brutos (ha)[-1]	Realização líquida (ha)[-1]	Rácio benefício/custo

	ha^{-1}				
T1	543.21	6,99,776	16,29,630	9,29,854	2.33
T2	691.36	7,53,411	20,74,074	13,20,663	2.75
T3	617.28	7,53,411	18,51,852	10,98,441	2.46
T4	600.82	7,53,411	18,02,469	10,49,058	2.39
T5	555.56	7,09,126	16,66,667	9,57,541	2.35
T6	621.40	7,14,126	18,64,198	11,50,072	2.61
T7	679.01	7,11,126	20,37,037	13,25,911	2.86
T8	707.82	7,09,126	21,23,457	14,14,331	2.99

Preço médio de mercado da espiga de tuberosa   ke @ ? 3.00

I want morebooks!

Buy your books fast and straightforward online - at one of world's fastest growing online book stores! Environmentally sound due to Print-on-Demand technologies.

Buy your books online at
www.morebooks.shop

Compre os seus livros mais rápido e diretamente na internet, em uma das livrarias on-line com o maior crescimento no mundo! Produção que protege o meio ambiente através das tecnologias de impressão sob demanda.

Compre os seus livros on-line em
www.morebooks.shop

Printed by Books on Demand GmbH, Norderstedt / Germany